智/能/感/知/技/术/丛/书

卫星地面融合网络：
技术、架构与应用

张佳鑫　张　兴　编著

北京邮电大学出版社
www.buptpress.com

内 容 简 介

6G 时代的到来为星地融合网络的发展带来了新的机遇,通过星地融合网络的优势为用户提供更加全面的优质服务是下一代移动通信的大势所趋,对于空天地一体化通信网络的研究又将迎来新一波热潮,本书便在此背景下应运而生。

本书由浅入深,从卫星地面融合网络的基本概念、发展历史出发,介绍了融合网络架构的演进过程,概述并讨论了融合网络的典型场景及其链路特征;此外,本书还进一步分析了星地融合网络接入控制、回程与切换等问题,并介绍了网络性能、路由策略、缓存组播、计算任务卸载、频谱资源分配等方面的内容。

图书在版编目（CIP）数据

卫星地面融合网络：技术、架构与应用 / 张佳鑫,张兴编著 . -- 北京：北京邮电大学出版社,2021.8
ISBN 978-7-5635-6438-5

Ⅰ.①卫… Ⅱ.①张… ②张… Ⅲ.①移动网－研究 Ⅳ.①TN929.5

中国版本图书馆 CIP 数据核字（2021）第 146230 号

策划编辑:刘纳新　姚　顺　　　　责任编辑:满志文　　　　封面设计:七星博纳

出版发行:北京邮电大学出版社
社　　　址:北京市海淀区西土城路 10 号
邮政编码:100876
发 行 部:电话:010-62282185　传真:010-62283578
E-mail:publish@bupt.edu.cn
经　　　销:各地新华书店
印　　　刷:唐山玺诚印务有限公司
开　　　本:787 mm×1 092 mm　1/16
印　　　张:11.5
字　　　数:280 千字
版　　　次:2021 年 8 月第 1 版
印　　　次:2021 年 8 月第 1 次印刷

ISBN 978-7-5635-6438-5　　　　　　　　　　　　　　　定　价:39.00 元

智能感知技术丛书

顾问委员会

宋俊德　彭木根　田　辉　刘　亮　郭　斌

编　委　会

前　言

"众星罗列夜明深,岩点孤灯月未沉"。在古人看来,眼前的苍穹是如此广阔无垠且神秘莫测。斗转星移,来到 21 世纪的今天,我们即将迎接 6G 时代的到来,在同样一片星空下,作为通信人的我们对于它有了更多的了解与认识,这其中就不得不提到卫星通信。1970 年 4 月 24 日,我国成功发射了第一颗人造地球卫星,这是我国科技工作者创造的又一里程碑壮举,1972 年在我国首次应用卫星通信并迅速发展,与光纤通信、数字微波通信一起,成为我国当代远距离通信的支柱。现如今随着信息化社会的到来,卫星通信已经与社会生活的各个方面息息相关。

卫星通信网络是国家信息通信网络的重要基础设施,随着 6G 时代的即将来临,空天地一体化通信网络研究迎来新一波浪潮,卫星地面融合网络成为全球范围内的研究热点。星地融合网络是一种采用卫星网络和地面网络共同向用户提供服务的系统,而不是仅仅将卫星网络和地面网络共存在同一网络系统之中。融合的层次也不断从覆盖融合、业务融合,走向用户融合、架构融合和系统融合。充分利用地基网络大容量传输的优点,结合天基网络的广覆盖能力,构建起星地融合网络并提供多样化的接入服务,实现无缝的移动接入和切换以支撑各类移动终端、物联网等各类设备随时随地接入网络并提供丰富的移动业务服务、突破地域和环境的限制,是迈向下一代 6G 无线通信网络的重要里程碑。

本书旨在总结星地融合网络的理论方法与经验成果,对当前及今后时间内的领域发展趋势进行介绍,以期读者了解并掌握星地融合网络方面的进展和发展方向。

全书共分为 13 章,按照由浅入深的思想进行编写。第 1 章介绍了当前 5G 网络发展需求、架构以及合理展望了下一代 6G 移动通信技术;第 2～3 章对卫星地面融合网络的基本概念、应用场景以及发展现状进行了概述;第 4 章介绍了卫星地面融合网络架构;第 5 章介绍了融合网络中的星地链路特征;第 6～8 章分别介绍了星地融合网络的接入控制、性能研究、回程与切换等内容;第 9～12 章介绍了星地融合网络中的路由策略、缓存组播、计算任务卸载、频谱资源分配;第 13 章提出了星地融合网络中的相关应用场景。

本书由张佳鑫、张兴编著。在本书的编写过程中,得到了北京邮电大学各级领导的关心和支持。在此,作者一同表示诚挚的谢意!

本书难免会有疏漏和不足之处,恳请广大读者和专家批评指正,也期待本书面世后能够帮助到每一位与星地融合网络结下不解之缘的你们!

作　者

目　　录

第 1 章　5G 网络需求、架构与 6G 愿景

本章从 5G 网络的发展现状出发,首先阐述了 5G 在性能指标方面实现的飞跃,介绍了各个国家、组织在 5G 研究中做的重点工作,然后从工作频段、编码技术、大规模天线与非正交多址技术等多个方面阐述了 5G 实现突破性发展并引领新的移动通信时代的原因。同时结合卫星通信发展现状,介绍了星地融合应用场景及性能要求,并阐明了星地融合网络将充分发挥各自优势为用户提供更全面优质的服务是下一代移动通信的大势所趋。最后,本章结合 6G 白皮书对下一代移动通信系统进行了展望。

1.1　5G 网络发展现状

近年来,伴随着无线通信技术迅猛发展,移动通信网络业务需求呈指数级增长。从诞生于 20 世纪七八十年代的 1G 技术(1st Generation Mobile Communication Technology,第一代移动通信技术),到目前飞速发展的 5G 技术(5th Generation Mobile Communication Technology,第五代移动通信技术),无线通信网络经历了从模拟信号传输到数字信号传输、从小数据量短报文业务传输到音频、视频、高清 4K 视频全媒体传输等的飞跃,无线通信应用也越来越得到普及。近年来,无线通信网络规模和业务量均呈快速增长态势。据估计,2010 年到 2020 年全球流量增长将超过 200 倍,2010 年到 2030 年将增长近 2 万倍;我国用户量较大,其增速高于全球,2010 年到 2020 年增长 300 倍以上,预测 2010 年到 2030 年将增长超 4 万倍。发达城市及热点地区增速更快,2010 年到 2020 年上海的增长率达到了 600 倍;北京热点区域(如西单)的增长率达到了 1000 倍,即十年千倍。与此同时,未来全球移动通信网络连接的设备总量将达到千亿规模;到 2020 年,全球移动终端(不含物联网设备)数量将超过 100 亿,其中我国超过 20 亿;全球物联网设备连接数亦将快速增长,到 2020 年接近 70 亿,我国接近 15 亿;到 2030 年,全球物联网设备连接数将接近 1 000 亿,我国将超过 200 亿。

为了应对流量密度和连接密度快速增长的需求,IMT-2020 5G 愿景提出了 5G 系统相比 4G 系统在频谱效率、能量效率和成本效率方面需要得到显著提升的要求。具体来说,频谱效率提升 5～15 倍,能量效率和成本效率均提升 100 倍以上。移动通信网络的广泛应用带来了丰富的数据信息流,各类应用程序和软件极大地便捷了人们的生活,当下 5G 技术及应用已经成为我国新型基础设施建设的重要内容。

国际电信联盟(ITU)将增强的移动宽带(eMBB,Enhanced Mobile Broadband)、高可靠低延迟通信(uRLLC,Ultra-reliable and Low Latency Communications)以及大规模机器通信(mMTC,Massive Machine Type Communication)定义为 5G 的三大应用场景。与前几代移动通信相比,5G 的系统性能需求大幅提高,其主要技术指标包括:峰值速率可达

10 Gbit/s～20 Gbit/s,用户体验速率可达 100 Mbit/s～1 Gbit/s,连接数密度每平方公里可达 100 万个,每平方米流量密度可达 10 Mbit/s,能够支持速度高达 500 km/h 运动情况下的通信等。相较于过去几代移动通信主要实现“人与人”之间的通信过程,5G 时代移动通信网络还要实现“人与物”、“物与物”之间的高效通信,最终实现“万物互联”。

近年来,各国积极开展 5G 研究。2012 年 7 月,纽约大学理工学院成立了一个由政府和企业组成的研究 5G 的联盟。2016 年 7 月 14 日,美国联邦通信委员会(FCC,Federal Communications Commission)开放 24 GHz 以上频段用于 5G。2013 年 10 月,日本无线工业及商贸联合会(ARIB)设立了 5G 研究组 “2020 and Beyond Ad Hoc”,对 5G 服务、系统构成以及无线接入技术等进行探讨。2014 年 1 月欧盟委员会与欧洲 ICT 行业(ICT 制造商、电信运营商、服务提供商、中小企业和研究机构)正式推出“5GPPP”计划,旨在吸引企业或者各类机构参与到 5G 研究项目中,深入研究 5G 通信基础设施的解决方案、体系架构、技术以及标准等。

我国与全球同步推进 5G 研发工作,并于 2013 年 2 月由工业和信息化部、国家发展和改革委员会、科技部率先成立了“IMT-2020(5G)推进组”,推进组全面推进 5G 研发工作,提出我国要在 5G 标准制定中发挥引领作用的宏伟目标;并在 2020 年之前,系统研究 5G 领域关键技术,其中包括体系架构、无线组网与传输、新型天线与射频、新频谱开发与利用,完成性能评估和原型系统设计等,进行相关技术试验和测试,实现支持业务总速率 10 Gbit/s,频谱和功率效率比 4G 系统提升 1 倍的性能指标。

在世界各国企业、学术机构和相关组织等各方力量的深入研究、反复讨论和共同努力下,2018 年 6 月,5G 成功完成第一阶段的全面标准化工作,进入全面产业化阶段。我国也于 2019 年正式进入 5G 商用元年,并在当年 6 月 6 日,工业和信息化部向中国电信等四家企业颁发了基础电信业务经营许可证,批准四家企业经营“第五代数字蜂窝移动通信业务”。

1.2　5G 关键技术

5G 之所以能实现突破性进展并引领新的移动通信时代,是因为多种信息领域内创新技术的不断推动。5G 通信支持包含 450 MHz～6000 MHz 以及 24250 MHz～52600 MHz 在内的工作频段,利用大规模多天线(Massive MIMO)、高效信道编码技术、非正交多址、超密集网络等关键技术实现更高的频谱效率和系统容量。在 5G 网络中,大规模多天线技术目前在用户水平分散分布与水平＋垂直分散分布两个测试场景下,峰值吞吐量达到 4 Gbit/s。与传统网络接入方案等进行比较,华为、中兴、大唐等提出的非正交多址方案,包括 SCMA(Sparse Code Multiple Access,稀疏码分多址接入)、MUSA(Multi-User Shared Access 多用户共享接入)、PDMA(Pattern Division Multiple Access,图样分割多址接入)等的下行吞吐量增益达到 86%,上行接入能力提升了 3 倍。在编码方面,以极化码(Ploar 码)为例,相较于目前 LTE 采用的 turbo 码、Polar 码,在静止场景下短码性能增益提升 0.35～0.48 dB、长码性能增益提升 0.35～0.6 dB;在移动场景下短码性能增益提升约 0.34 dB、长码增益提升约 0.37 dB。在高频段通信方面,爱立信在 15 GHz 频段测试中,室外视距/非视距环境平均下行吞吐量分别为 7.2 Gbit/s 和 5.1 Gbit/s;华为与日本 NTT

的28 GHz外场测试中,信号覆盖距离达到了1.2 km,网络下行吞吐量达到4.52 Gbit/s、上行达到了1.55 Gbit/s。

此外,软件定义网(SDN)/网络功能虚拟化(NFV)等技术得到广泛应用,移动通信网络的控制与转发相分离,以及网元功能与物理实体的解耦,实现了网络资源的高效管控与资源分配;同时,5G中核心网的概念进一步弱化,核心网的部分网络功能被下沉到网络边缘,移动边缘计算技术(MEC,Mobile Edge Computing)有效降低了数据平面与控制平面的传输延时,提升了用户业务的响应速度。软件定义网络(SDN,Software Defined Network)是由美国斯坦福大学 Clean State 课题研究组提出的一种新型网络创新架构,是网络虚拟化的一种实现方式。网络功能虚拟化(NFV,Network Function Virtualization),利用虚拟化技术,将网络节点阶层的功能,分割成几个功能区块,分别以软件方式实现,不再局限于硬件架构。云计算(Cloud Computing)是分布式计算的一种,指的是通过网络"云"将巨大的数据计算处理程序分解成无数个小程序,然后,通过多部服务器组成的系统进行处理和分析,并将这些小程序得到的结果返回给用户。

5G 网络是基于 SDN、NFV 和云计算技术的,更加灵活、智能、高效和开放的网络系统。5G 网络架构可分为接入云、控制云和转发云这"三朵云"。接入云支持多种无线制式的接入,融合集中式和分布式两种无线接入网架构,适应各种类型的回传链路,实现更灵活的组网部署和更高效的无线资源管理。5G 的网络控制功能和数据转发功能解耦,形成集中统一的控制云和灵活高效的转发云。控制云实现局部和全局的会话控制、移动性管理和服务质量保证,并构建面向业务的网络能力开放接口,从而满足业务的差异化需求并提升业务的部署效率。转发云基于通用的硬件平台,在控制云高效的网络控制和资源调度下,实现海量业务数据流的高可靠、低延迟、均负载的高效传输。

图 1-1 说明了基于"三朵云"的新型 5G 网络架构是移动网络未来的发展方向,但实际网络发展在满足未来新业务和新场景需求的同时,也要充分考虑现有移动网络的演进突破。5G 网络架构的发展会存在局部变化到全网变革的中间阶段,通信技术与 IT 技术的融合会从核心网向无线接入网逐步延伸,最终形成网络架构的整体演变。

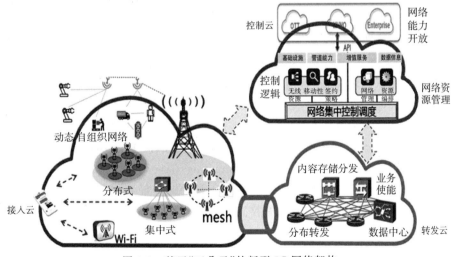

图 1-1 基于"三朵云"的新型 5G 网络架构

1.2.1　无线大数据技术

无线通信在规模与复杂度上的快速增长给通信能力提升带来严峻挑战，其迫切需要从整体角度审视并提升网络效能，实现融合管控、整体优化。大数据技术的广泛应用给这一目标的实现提供了可能。近年来，大数据技术得到了广泛关注和研究。美国白宫宣布推动研究机构和企业开展大数据研发，随后美国国家科学基金（NSF，National Science Foundation）先后开启多个相关项目并予以支持。欧盟第七研发框架计划（FP7，7th Framework Programme）启动了多个提高网络计算能力和数据存储能力的项目来支持大数据处理研发。在理论研究方面，2016 年 1 月 IEEE Network 就出版了一期关于"Big Data of Networking"的专刊，涉及网络管理与控制的数据挖掘、数据处理等方面内容。

无线大数据旨在从类型各异、内容庞杂的数据中快速获得有价值信息。无线大数据处理的关键技术主要包括：无线数据采集、存储、预处理、数据分析（统计分析、数据发掘等）、模型建立以及基于模型的呈现和应用（数据可视化、数据安全等）。相关分析方案可以借助数据分析的方法，如分类分析、回归分析、聚类分析。其中，分类分析方法是找出无线大数据中一组数据对象的共同特点并按照分类模式将其划分成不同的类别，如视频数据分类、语音数据分类、上网流量分类等。回归分析方法产生一个数据对象映射到预测变量的函数，研究包括数据序列的趋势特征、相关关系及数据序列的预测等，如利用皮尔逊相关系数来表征数据之间的关联关系。聚类分析方法是按照相似性将数据对象分成不同的类别，如将城市区域划分成商业区、地铁沿线、公园和居民区等。同时，近年来由于语音识别、图像分类、自然语言处理等多个预测分析领域的发展，为无线大数据预测分析提供了更宽广的思路和方法。

1.2.2　边缘计算技术

学术界和工业界近年在利用网络边缘的计算、存储资源来提高网络的通信传输能力方面开展了广泛的研究。将移动通信与云计算相结合的移动云计算（Mobile Cloud Computing）技术充分利用了互联网云端的计算能力。但是，由于云端和移动终端距离较远，移动云计算不可避免地面临高时延和回程链路带宽限制的问题。为了解决这一问题，欧洲电信联盟（European Telecommunications Standards Institute）提出了移动边缘计算（Mobile Edge Computing）技术。移动边缘计算的优点包括低时延、靠近终端、高带宽和能够利用实时无线网络信息等。欧洲 5GPPP（5G Infrastructure Public Private Partnership）组织将移动云计算作为 5G 的关键技术之一。美国卡耐基梅隆大学研究团队提出了以虚拟机（VM）为基本服务单元实现无线节点间资源共享协作的微云（Cloudlet）技术。在 2015 年，由思科、ARM、戴尔、英特尔、微软和普林斯顿大学创建的开放雾联盟提出了雾计算（Fog Computing）架构用来支持物联网应用。雾计算利用了靠近用户的边缘设备，如边缘路由器来执行大量的计算任务。大量多媒体业务的出现给网络容量和回程链路带来巨大挑战，边缘存储和分发技术被提出来解决这些挑战。同时，SDN（Software Defined Network）、NFV（Network Function Virtualization）等网络虚拟化技术的演进，使网络设备抽象化，大大降低了存储、技术、通信等各种无线网络资源联合调度的代价与复杂度。

然而,移动通信系统由于受到"管道化"发展模式的约束,只是将网络与业务简单叠加,通信与存储计算的优化相对独立,严重影响了系统综合服务能力。

1.2.3　信息中心网络

"信息中心网络"(ICN,Information Centric Network)的核心思想便是引入存储机制,以实现内容在系统中高速缓存和复制,从而实现高效、大规模的内容获取和分发。随着网络融合化发展,进一步将业务下沉到网络边缘将是发展趋势,移动边缘网络成为认知用户行为、适配网络业务、集成网络资源、高效协作服务的网络体系架构。移动边缘网络的主要特征如下所示。

(1)多层认知精准刻画用户行为:移动边缘网络大量底层边缘节点的快速局部认知与少量上层边缘节点的全局认知相结合,提供便捷的检测与采集 API 的端口,支持用户业务的采集、处理、分析与应用,更好地挖掘和刻画用户群体行为,了解网络业务需求变化。

(2)可编排切片组网适配业务规律:移动边缘网络通过可编程软件定义网络实现灵活组网,可切片资源编排支持多种差异业务类型,基于核心网络、传输网,接入和终端网络都在编排系统统一在数据中的云操作系统的管理和调度之下适配业务规律,支持低时延、低抖动以及更好的移动性,支持不同用户在垂直领域的服务需求。

(3)虚拟化集成网络资源:移动边缘网络终端作为服务提供点,并通过基础设施共享、虚拟化支持云存储、分布计算与并行处理,有效调度全网的存储和计算能力,灵活适配分布存储与计算云平台,可实现跨运营商、跨服务提供商的多域平台服务,提供基础设施即服务、软件即服务,精准实现网络资源的高效利用。

(4)高效协作灵活服务:移动边缘网络具有协作性特征,网络节点分布广泛、部署灵活、节点能力差异较大,网络节点间也具有明显的层次结构和关联关系,可预测业务、优化存储策略、设计传输机制和计算卸载策略,并通过网络节点资源协作控制方法更精准地实现网络资源的高效利用。

(5)大数据平台支持的智慧网络:利用移动边缘网络,在软件定义网络和网络虚拟化的框架中,可收集底层网络状况、动态调控资源,并通过对流量数据的分析制定网络策略,关联不同层面的数据形成运营策略,实现通过大数据支持满足用户需求的云网络。大数据引擎作为移动边缘网络能力的重要功能实体,通过终端,网络节点,流量汇聚出口实现数据收集,通过大数据平台实现底层和表层数据的关联分析,其结果可以通过接口提供给 SDN 控制器作为网络资源调配的策略依据,同时也可以通过运营系统来现运营策略,并扩展到虚拟设施的状态数据收集和分析。

1.3　卫星通信发展现状

截至 2017 年年底,全球在轨通信卫星数量 805 颗,占在轨卫星总数的 45%。根据轨道高度不同,卫星通信系统分为高轨同步卫星、中轨卫星、低轨卫星以及太阳同步轨道卫星 4 种。典型地球同步轨道卫星移动通信系统有 Inmarsat、Thuraya、TerreStar、SkyTerra 等系统。传统的卫星通信采用 L、S、Ku 频段,能支持普通的通话业务,传输速率相对较低。而当前,卫星通信逐步朝着大容量、高带宽的方向发展,以第五代的国际海事卫星(Inmarsat)系统为例,其采用 Ka 频段,可以为宽带卫星中断用户提供下行 50 Mbit/s,上行 5 Mbit/s 的速率,单颗卫星容量 4.5 G 虽然不及现在高通量卫星动辄数十 G、上百 G,但相比于第四代海事卫星系统的容量已是数十倍的增加。有相关报道表明,Inmarsat 第六代卫星已在预研中,容量相比第五代又有数十倍的增加。

除了单星通信能力的提升,近年来互联网卫星星座的发展更是突飞猛进。其中,典型的代表系统包括 O3b、一网系统(OneWeb)和 SpaceX 计划打造的 Starlink 互联网星座。这类系统多采用中、低轨道卫星组网,相比地球同步轨道卫星可以大幅度降低往返传输延时,使卫星传输的体验可以与地面光纤相媲美。同时,采用几十甚至几百颗小卫星星座组网既能实现大范围覆盖,又可以通过模块化设计大幅度降低卫星生产成本,从而降低通信资费,为用户提供平价的通信服务。这些卫星星座融合多采用 Ka 或 Ku 高频段传输技术,系统容量可得到大幅度提高,为部署蜂窝基站成本过于昂贵的地区提供高速宽带互联网接入服务。

我国卫星通信系统经过几十年独立自主发展,已形成一定建设规模。目前正在发展以固定业务为主的高通量卫星通信系统和以移动业务为主的卫星移动通信系统,低轨通信卫星也进入试验阶段,发展历程如图 1-2 所示。民用卫星通信领域,主要建设发展中星、亚太系列通信广播卫星系统,通信业务基本实现亚洲、欧洲、非洲、太平洋等区域覆盖,在全球卫星空间段运营服务商排名第六位。

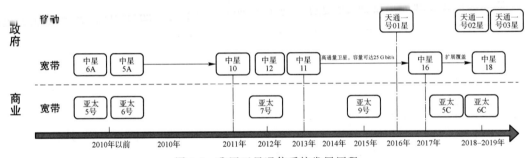

图 1-2　我国卫星通信系统发展历程

目前,在轨运行 C、Ku、Ka 频段的民用通信卫星共 15 颗。我国高通量宽带卫星发展刚刚起步,整体技术水平、系统容量和服务能力与国外先进卫星系统尚有差距。2017 年发射的首颗高通量 Ka 宽带卫星"中星 16 号",容量达到 20 Gbit/s。2016 年我国发射的"天通一号"01 星是我国自主建设的首颗移动通信卫星,采用透明转发器和窄带单载波传输体制,常规模式业务支持最低 1.2 kbit/s 电路域话音、最高分组域 384 kbit/s 的数据业务。

从卫星通信的发展历程来看,目前分立的卫星通信系统逐步向着天地异构网络互联互通、天地一体的方向发展。一方面,需求和市场牵引天基网络走向泛在互联,天基、地基网络优势结合互补,各类应用渗透到陆海空天各个角落和人们生活的方方面面;另一方面,在科学技术创新驱动下,天基网络的容量快速增大、速率显著提高、服务不断拓展、成本明显降低,正在颠覆传统的电信行业概念,引领产业创新和商业模式创新。

1.4　5G 星地融合应用场景及性能要求

随着通信网络的进一步发展,突破地面网络限制,实现地面、卫星、机载网络和海洋通信网络的无缝覆盖是大势所趋,因此未来的空天地一体化网络关注的是"融合",卫星通信系统与5G相互融合,取长补短,共同构成全球无缝覆盖的海、陆、空、天一体化综合通信网,以满足用户无处不在的多种业务需求。卫星与5G的融合将充分发挥各自优势,为用户提供更全面优质的服务,主要体现在:

- 在地面5G网络无法覆盖的偏远地区、飞机上或者远洋舰艇上,卫星可以提供经济可靠的网络服务,将网络延伸到地面网络无法到达的地方。
- 卫星可以为物联网设备以及飞机、轮船、火车、汽车等移动载体用户提供连续不间断的网络连接,卫星与5G融合后,可以大幅度增强5G系统的服务能力。
- 卫星优越的广播/多播能力可以为网络边缘及用户终端提供高效的数据分发服务。

相比地面移动通信网络,卫星通信利用高、中、低轨卫星可实现广域甚至全球覆盖,可以为全球用户提供无差别的通信服务。铱星(Iridium)、海事卫星(Inmarsat)、瑟拉亚(Thuraya)等商用移动卫星通信系统为海上、应急及个人移动通信等应用提供了有效的解决方案;O3b、OneWeb、Starlink等中低轨卫星星座将卫星通信服务与互联网业务相融合,为卫星通信产业注入新的活力。同时,未来地面第五代移动通信(5G)将具备完善的产业链、巨大的用户群体、灵活高效的应用服务模式等。

1.4.1 ITU

针对卫星与地面5G融合的问题,国际电信联盟(ITU,International Telecommunication Union)提出了星地融合的4种典型应用场景,如图1-3所示,包括中继到站场景、小区回传场景、动中通场景及混合多播场景,并提出支持这些场景必须考虑的关键因素,包括多播支持、智能路由支持、动态缓存管理及自适应流支持、延时、一致的服务质量、NFV/SDN兼容、商业模式的灵活性等。

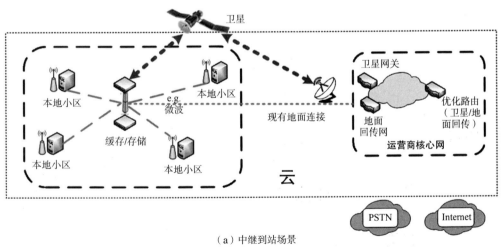

(a)中继到站场景

图 1-3 星地融合 4 种应用场景

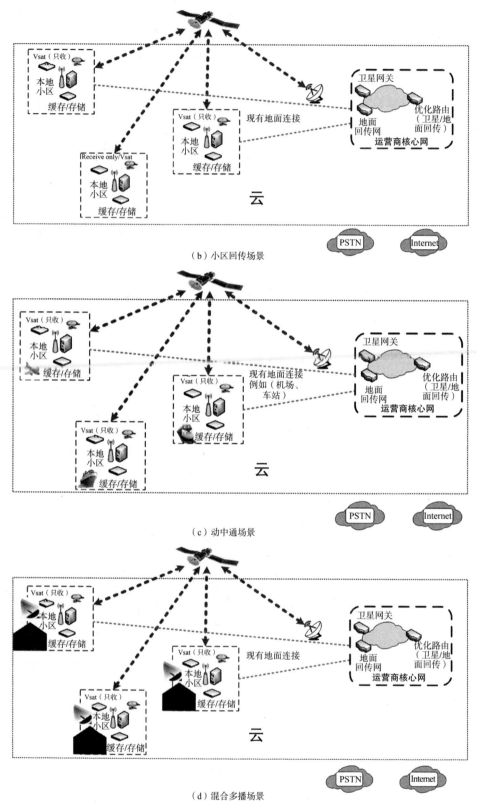

（b）小区回传场景

（c）动中通场景

（d）混合多播场景

图 1-3　星地融合 4 种应用场景（续）

1.4.2　3GPP

3GPP(Third Generation Partnership Project,第三代合作伙伴计划)从 Release 14(R14 版本)开始着手开展星地融合的研究工作。在 TS22.261 中,该标准组织对卫星在 5G 系统中的角色和优势进行了探讨,作为 5G 多接入技术之一,卫星在一些要求广域覆盖的工业应用场景中具有显著优势。卫星网络可以在地面 5G 覆盖的薄弱地区提供低成本的覆盖方案,对于 5G 网络中的 M2M/IoT,以及为高速移动载体上的乘客提供无所不及的网络服务,借助卫星优越的广播/多播能力,可以为网络边缘网元及用户终端提供广播/多播信息服务。

在 2017 年年底发布的技术报告 TR22.822 中,3GPP 工作组 SA1 对与卫星相关的接入网协议及架构进行了评估,并计划进一步开展基于 5G 的接入研究。在这份报告中,定义了在 5G 中使用卫星接入的三大类用例,分别是连续服务(Service Continuity)、泛在服务(Service Ubiquity)和扩展服务(Service Scalability),并讨论了新的及现有服务的需求,卫星终端特性的建立、配置与维护,以及在卫星网络与地面网络间的切换问题。

在 3GPP 名为"面向'非地面网络'中的 5G 新空口"研究项目中,定义了包括卫星网络在内的非地面网络(NTN,Non-terrestrial networks)的部署场景。按照 3GPP 的定义,5G 网络中的 NTN 应用场景包括 8 个增强型移动宽带(eMBB,Enhanced Mobile Broadband)场景和 2 个大规模机器类通信(mMTC,massive Machine Type Communications)场景。借助卫星的广域覆盖能力,可以使运营商在地面网络基础设施不发达地区提供 5G 商用服务,实现 5G 业务连续性,尤其是在应急通信、海事通信、航空通信及铁路沿线通信等场景中发挥作用。

38.811 规定的卫星网络架构可能包含的系统组成包括:

- NTN 终端:3GPP 用户终端(UE)和非 3GPP UE(卫星终端)。
- 用户链路(Service Link):UE 和卫星之间的链路。
- 空间平台(Space Platform):搭载弯管或者具备星上处理能力的卫星。
- 星间链路(ISL,Inter-Satellite Links):对于具备星上处理能力卫星间的链路。
- 信关站(Gateway):连接卫星和地面核心网的网元。
- 馈电链路(Feeder Link):卫星和地面站间的链路。

1.5　星地融合网络面临的问题与挑战

星地融合网络是 5G 通信的重要研究方向。从业务连续性角度考虑,用户在跨域接受服务时,为了保证业务的连续性,应当进行一系列接入以及切换措施以保障用户的满意度,卫星在广域上具有全局视角,完成跨域服务时,卫星进行全局布局与地面网络进行协同;从业务泛在性角度考虑,对于边远地区以及农村地区,部署地面回程网络十分困难或成本较高,此时可使用卫星地面融合网络对区域提供服务,特别地,对于灾害导致地面回程网络受损区域,卫星此时提供主要回程链路服务;从业务可扩展性角度考虑,随着越来越多的新技术应用于通信网络,用户不再满足当前地面网络提供的局域存储计算能力,海外直播、物流定位态势感知等广域、跨域资源调度需求业务驱动新通信技术研发,以满足下一代网络业务可扩展性要求。适配于全局跨域资源调度需要,天基网络以其全球覆盖,广域视角的特点,补充地基网络的不足，为后续应用发展进行保障。国际标准化进程也已经开始着手卫星地面网络融合的标准化研究，3GPP TS 22.261明确提出"下一代无线通信网络的新业务和市场需求都应支持5G通信网络业务的卫星接入服务"，并指出5G通信系统应支持业务在同一个运营商或达成合作的多个运营商下实现地面5G接入和卫星网络接入的连续性。与此同时，欧盟5GPPP（第5代移动通信公私合资合作研发机构）组织Network 2020小组正针对第5代移动通信中卫星通信系统与地面无线网络的资源整合与动态接入技术展开相关研究。

当前5G移动网络以及5G愿景中，网络和终端业务特征、用户行为等在时间、空间、内容等多维度上的分布均呈现出较大的不均匀性、不确定性和难以预测性，具体来讲，业务在类型差异、内容、服务质量需求、服务模式、空时分布规律等方面均存在复杂的特征规律；同时，用户在同质化和差异化需求、社会属性、接入频次、活动规律、服务满意度要求、分布规律等方面均存在复杂的多维度行为模式。综合来看，目前诸多因素导致无线移动通信网络进一步发展面临着两个主要矛盾。

（1）多业务需求的高动态性和资源利用的静态性之间的矛盾

针对不同的应用场景，用户在速率、时延、能耗、可靠性等方面有差异化、动态性的需求，在不同层面存在多维度动态特征规律和行为模式，当前网络资源优化主要基于简单静态集成以及内部资源静态优化的模式，缺乏用户行为的动态变化与网络资源之间的适配，从而导致移动网络容量效率、覆盖效率以及能量效率难以得到根本提高。

（2）卫星地面多维资源独立控制与网络融合发展之间的矛盾

无线通信系统由于延续传统"管道化"模式，网络与业务简单叠加，通信与计算独立优化，导致通信与计算存储等物理资源的"封闭隔离"，使得端到端链路中大量物理资源没有得到有效利用，严重影响了系统的综合服务能力。

上述矛盾导致了现有的网络的性能和效率问题，具体核心问题如下：

（1）多业务动态特征与卫星高速动态运动的"不确定性"问题

随着5G、物联网、车联网以及各种新型应用的发展，用户的概念已经从传统狭义的"客户"角度扩展到广义的节点用户概念，网络的发展和业务的出现使得网络中用户行为特征呈现规律复杂、尺度多变的特征。当前对复杂移动网络环境中业务信息、用户行为的获取缺乏有效手段，为此可使用参数化多维用户行为特征以及不同尺度下的预测模型和方法，既可以客观的反映真实的网络状态，又将有助于为网络资源的高效利用提供必要的参考依据。解决上述预测的"不确定性"问题的关键在于，获取大规模无线网络数据，有效探究复杂网络环境下用户行为规律，建立用户行为在多域上的参数化模型和预测方法。

（2）卫星与地面网络控制模式的"孤立性"问题

无线网络扁平化发展以及SDN/NFV等IT领域技术的引入，使得CT/IT的融合在无线网络发展中扮演更为重要的角色。无线网络业务承载中，计算、存储和通信所组成的多网络资源共同服务于用户的业务承载。当前网络资源利用较为孤立，且资源之间相互约束、相互抑制、相互关联，导致业务承载质量下降。因此对多域资源关联性机理的深入研究，将有助于理解无线网络业务传输的服务控制问题，从而达到计算、存储和通信资源的有效协同利用。解决上述"孤立性"问题的关键在于，引入对复杂网络环境的充分感知并突破独立优化的资源利用模式，实现业务承载中多域资源的协同高效利用。

（3）多业务需求与网络资源高效利用的"失配性"问题

用户和业务是移动通信系统的服务对象和服务内容。由社会生活形态所定,用户表现出群体和个体行为特征,同时在时间尺度上呈现长期或短期的特性,忽略这些特征规律而对系统资源单一调度模式,会使系统全局资源配置与用户实际行为特征和资源需求不相适配。因此需要突破传统的独立无线资源管理和服务质量控制模式,充分利用所提出的行为模型,探求用户行为空时多样性,使得在不额外带来其他开销的前提下大幅度提升网络资源的利用效率。解决上述"失配性"问题的关键在于,实现用户行为特征与网络资源的自适应匹配,以从系统整体角度实现网络资源的高效利用。

综上所述,无线通信系统受到网络和终端用户行为模式差异性的严重制约,导致无线网络服务质量以及网络性能难以得到根本性提高。服务控制是实现目标的关键,这需要对用户行为规律的进一步感知,进行行为特征与网络资源利用的高度适配。

1.6 6G愿景

2019年3月,芬兰奥卢大学邀请70位来自各国的顶尖通信专家召开全球首届6G峰会,共同起草世界上第一份6G白皮书,阐明6G发展的基本方向。2019年11月3日,我国科技部会同发展改革委、教育部、工信部、中科院、自然科学基金委在北京组织召开6G技术研发工作启动会,成立国家6G技术研发推进工作组和总体专家组,标志着我国6G技术研发工作正式启动。

全球首份6G白皮书《6G无线智能世界的关键驱动和研究挑战》,初步回答了6G的技术特点和挑战,其认为未来6G的愿景是具备泛在、无线、智能等特点,能够提供无缝覆盖的泛在无线连接和情景感知的智能服务与应用。6G将会突破地面网络限制,实现地面、卫星、机载网络和海洋通信网络的无缝覆盖,即空天地一体化的通信网络。

6G将是2030年无线通信的基础,让使用者享有高达1 Tbit/s的传输速率。6G的用途将以数据应用传输为核心,借助更广泛的物联网与人工智能技术,创造出新的智能服务与应用,例如,混合现实(XR)眼镜、机器人、自驾车等。在频谱分配方面,要实现1 Tbit/s的传输速度,则必须根据其特性来安排THz频段的利用。在传输技术方面,由于6G要提供1 Tbit/s的传输速率,与正要开始商用的5G(10 Gbit/s)相比,6G的传输速率将会是5G的100倍。因此,要达成如此高的传输速率便需要利用到太赫兹频段(THz)。同时,6G还需要运用比现今的正交调制技术(QAM、OFDM)更先进的调制技术,才能承载如此高频高速的数据传输。

6G的发展将会比5G更全盘的考虑到环境永续性以及将来数据市场的需求。此外,6G也更加强调由各个社群的参与共同形塑出将来6G发展的需求。将来高分辨率影像、感测技术、精准定位、穿戴式显示器、行动机器人、无人机、专门化处理器和无线通信等技术,将会创造出新的虚拟和混合式现实服务以及自动化的交通和物流系统。这些技术将会是未来6G的应用情境。此外,6G白皮书还预言,未来智能手机将会被具有延展现实(XR,Cross Reality)体验的智能眼镜所取代。

6G白皮书列出了6G所需达成的无线通信技术指标,例如要达到最高1 Tbit/s的传输速率、10 厘米至 1 米范围内的定位精准度、10 倍的能源效率等。还有，6G 的发展也应该符合例如安全性、开源、对环境发展的永续性等其他方面的指标。

物联网技术的应用将产生各式各样的用户数据，而对于这些隐私数据应该建立起明确的使用规则才能保护用户的隐私。在安全性方面，6G 白皮书指出，6G 应以物理层的加密来保护数据的安全性。

6G 将会是一套全面性的服务架构：6G 的发展在于数据传输的技术，还包含了边缘运算、精准定位、感测、安全性和隐私等所有将来新服务所需的技术规划。

6G 将打破现有电信市场的生态体系。因为数据经济的兴起，新的通信服务业打破现有电信市场的生态体系。同时，未来 6G 将趋向更小的范围及更高的频率，以及加强室内网络的使用、促进城市与室内空间的网络共享，此特性将促使本地运营商模式的发展。

6G 网络将突破地面限制向空、天、地、海多维扩展。无基网络具有明显的覆盖优势和长距离通信的低时延网络服务优势，可以帮助运营商提供低成本的普遍服务及扩展现有的通信服务，实现收入增长；但另一方面空天地一体化通信网络尚有待攻克的关键技术和硬件通信设施部署等问题。

1.7　小　结

本章首先介绍了 5G 网络的发展现状，5G 的三大应用场景以及在性能方面实现的提升，并介绍了各个国家、组织在 5G 研究中做的重点工作。然后从工作频段、编码技术、大规模多天线与非正交多址技术等多个方面阐述了 5G 实现突破性发展并引领新的移动通信时代的原因并简单介绍了基于"三朵云"的新型 5G 网络架构。总结了以往卫星通信的发展历程同时结合我国卫星通信发展现状，提出目前分立的卫星通信系统应当逐步向着天地异构网络互联互通、天地一体的方向发展。针对卫星与地面网络融合的问题，ITU、3GPP 分别提出了星地融合的应用场景，提出星地融合网络将充分发挥各自优势，为用户提供更全面优质的服务，星地融合是大势所趋。最后介绍了 6G 的技术特点和挑战，并对 6G 空天地一体化通信网络进行了合理展望。

第 2 章 卫星地面融合网络概述

本章将对卫星地面融合网络的一些基本概念、应用价值以及典型的卫星通信系统进行简要概述，并在此基础上对地面移动互联网与卫星通信网络的不同融合方式进行深入介绍。

2.1 通信、导航、遥感卫星

卫星从功能上可以大致分为通信、导航、遥感卫星。

通信卫星是一种用于无线电通信中继站的人造地球卫星，它通过反射或转发无线电信号来实现卫星地球站之间或者地球站与航天器之间的通信。根据轨道的差别，通信卫星分为地球静止轨道通信卫星、大椭圆轨道通信卫星、中轨道通信卫星以及低轨道通信卫星；根据服务区域的差别，可分为国际通信卫星、区域通信卫星和国内通信卫星；根据用途的不同，又可分为军用通信卫星、民用通信卫星和商业通信卫星等。

导航卫星是通过从卫星上连续发射无线电信号，来为空间、空中、海洋以及地面用户提供定位导航功能的卫星。服务用户接收导航卫星发射的无线电导航信号，根据时间测距或多普勒测速分别获得用户相对于卫星的距离或者距离变化率等参数，然后通过卫星发送的参数信息来定位用户位置坐标和速度矢量。我国研发的"北斗导航卫星定位系统"是继美国的 GPS、俄罗斯的 CLONASS 之后的第三个投入正式使用的卫星导航系统。

遥感卫星是用作外层空间遥感平台的人造卫星，能在指定时间内覆盖整个地球或指定区域，当沿地球同步轨道运行时，可持续对该区域进行遥感。目前遥感卫星主要有海洋卫星、陆地卫星、气象卫星三种类型。

通信卫星、导航卫星和遥感卫星三种不同功能的卫星的分布轨道和链接方式也存在差异。通信卫星的分布轨道更加广泛，可以分布在低轨、中轨和高轨上，一颗静止轨道上的通信卫星大约能够覆盖 40% 的地球表面，为实现通信用途，一般会构建一定数量的星间链路。导航卫星包括沿着地球同步轨道运行的卫星，也包括沿着倾斜地球同步轨道和中圆地球轨道运行的卫星；遥感卫星通常沿地球同步轨道运行，其通信容量比较大，但是其通信周期较长，因缺乏星间链路，一般仅在每次过顶信关站时通信一次。

2.2 低轨、中轨、高轨卫星

低轨（LEO，Low Earth Orbit）、中轨（MEO，Middle Earth Orbit）、高轨（GEO，Geosynchronous Earth Orbit）卫星是按卫星所在的轨道高度进行的分类方式。

低轨卫星的在轨高度为 760～2000 km，其轨道周期大多在 90 分钟之内。低轨卫星的主要优点是重量轻、体积小、发射成本低、数据传输速率快、路径损耗小、信号传输延迟较低等。缺点则是覆盖范围小，并因对地相对快速移动产生很严重的多普勒效应。为了解决覆盖方面的短板，多颗卫星组成的低轨卫星星座成为了重要的研究和应用方向，充分利用LEO卫星的轨道高度相对较低、星地链路传输延迟和传输损耗较小的优点，建立低轨卫星间的星间链路，无须通过地面网络进行中继，则可有效提升网络覆盖、降低传输时延、提升传输速率。因此，LEO卫星的组网和传输已成为卫星通信网络的研究热点之一。

中轨卫星的飞行高度在 2000～36000 km 之间，轨道周期大多在 2～8 小时。其优点是重量适中、发射成本适中、信号覆盖较广，缺点是存在一定的多普勒效应。中轨卫星由于性能和成本比较适中，因此应用也十分广泛，可以承载一定的数据业务和服务。

高轨卫星亦称地球同步卫星，其飞行高度一般在 36000 km，轨道周期在 24 小时左右，与地球自转周期相同。高轨卫星通信的覆盖面积极高，因此卫星生命周期长、传输容量大、不存在多普勒效应的问题。缺点是发射成本高、重量体积大、传输延迟高。高轨卫星相对发展时间最长，应用领域最多，在航天事业中占据着重要的地位。

2.3　典型的卫星通信星座

在上两节中概述了卫星从功能和轨道高度的基本分类和特性，本节将介绍几种典型的卫星通信系统。

2.3.1　INMARSAT

1979 年国际海事卫星组织（International Maritime Satellite Organization）在国际海事组织（IMO）的要求下成立，目的是建立覆盖全球海洋的卫星通信网。INMARSAT 通信系统是 1982 年国际海事卫星组织建立并投入使用的卫星通信系统，其空间段由四颗工作卫星和在轨道上等待随时启用的五颗备用卫星组成。这些卫星位于距离地球赤道上空约 35786 km 的同步轨道上，轨道上的卫星的运动与地球自转同步，与地球表面保持相对固定的位置。每颗卫星可以覆盖地球表面约 1/3 的面积，覆盖区内地球上的卫星终端的天线辐射与所覆盖的卫星处于视距范围之内。这一通信系统主要用于提供全球海事通信服务，为海上安全航行、遇险救助提供了可靠的通信保障，是一个典型并且非常成熟的卫星通信系统。

2.3.2　铱星星座

以摩托罗拉为代表的一批美国公司在政府的扶持下，在 1987 年提出了新一代卫星移动通信星座系统，与传统同步通信卫星系统不同的是，该系统的设计是将 77 颗比同步通信卫星小得多的低卫星（600～700 kg）组成覆盖全球的卫星系统，每颗卫星的信道数目达到了3000 多个，保证能在地球的任何地点实现移动通信，其最大的技术特点是采用星际链路，通过卫星与卫星之间的传输来实现全球通信。正是由于化学元素铱存在 77 个电子，所以这项计划被称作铱星计划。

铱星系统是由美国摩托罗拉公司在 1998 年建设并且投入使用的卫星通信系统。其标准星座设计了 6 个高度为 780 km 的近极地轨道，每个轨道分布 11 颗卫星。星座覆盖南北两极，其标准星座的半长轴为 7185 km，离心率为 0，轨道倾角为 86°，升交点赤径按照轨道数量在空间内均匀分布。借助卫星星座专用建模仿真工具 STK(Systems Tool Kit),根据铱星星座的参数,绘制了星座的仿真图。铱星星座的三维和二维的示意图如图 2-1 和图 2-2 所示,可以看出铱星星座可以给地面提供全覆盖的通信接入服务。铱星系统是一个商用的用于卫星通信的低轨卫星星座,主要用于提供语音服务,近年来开始发展卫星物联网的数据业务。由于其是一个典型并且非常成熟的低轨卫星通信系统,所以经常被用来进行学术界的各项卫星通信领域的研究。

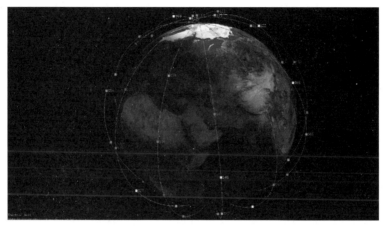

图 2-1 铱星星座三维示意图

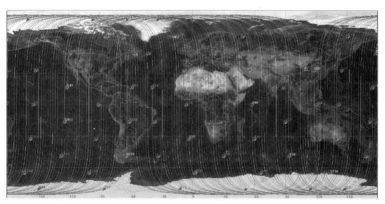

图 2-2 铱星星座二维示意图

然而过高的成本代价导致用户数量无法达到预计的盈利所必需的规模,以及初期投入商用的功能过于单一,通话的可靠性和清晰度差,数据传输速率仅有 2.4 kbit/s。高额的成本以及无法满足潜在客户需求的系统功能使得铱星计划没有打开全球市场的大门,就已宣告破产。

2.3.3 Walker 星座

Walker 星座是一种经典的卫星星座构型,其由卫星数目、轨道平面数、相位因子来构造的一类星座。Walker 星座一般采用的卫星轨道是圆形轨道,各轨道平面在空间中均匀分布,而且轨道平面中的卫星也呈均匀分布。在 Walker 星座所构成的低轨卫星网络中,每颗

LEO 卫星可以分别与同轨道平面内前、后两颗卫星，左、右相邻轨道平面的两颗卫星建立星际链路。由于相同轨道平面内前后卫星间的空间距离是固定的，因此在系统周期，轨道内的星际链路是稳定、永久保持的。这一卫星星座是非常经典的星座设计模式，所以经常被用来进行学术界的各项卫星通信领域的研究。

2.3.4 Kuiper 星座

随着全球互联网与物联网等业务需求的爆炸式增长，国际巨头公司亚马逊也正在积极部署低轨卫星星座网络——Kuiper 系统。Kuiper（柯伊伯）系统是由分布在 590 km、610 km、630 km 轨道高度的 3236 个 Ka 波段卫星组成，以提供高速、低延迟的卫星宽带服务。该系统空间段和地面段由五个主要部分组成：3236 颗 NGSO 卫星、一系列客户终端，包括企业、消费者和移动终端、关口地球站、Kuiper 软件定义网络（SDN）和运营/业务支持系统、Kuiper 卫星控制功能，包括卫星操作中心和安全遥测、跟踪和指挥网络。

Kuiper 卫星星座系统设计了三组轨道面，主要基于五点考虑：①在保障赤道南北纬度56 度区域得到服务的前提下，系统使用最少的卫星节点，实现卫星星座覆盖区域无缝泛在服务保障的目的；②快速计划主动离轨时间段（<1 年）和最大被动离轨时间段（10 年以内）；③地面上的小型卫星点波束，提高频谱效率和频率复用；④较低的轨道高度，有效载荷功率要求较低；⑤减少对卫星的辐射危害，使用高性能商用成品（COTS）硬件。星座部署阶段计划如表 2-1 所示。

表 2-1　Kuiper 星座部署阶段计划

阶段	轨道集	轨道面数	卫星每面	部署卫星数	总卫星数
1	630 km/51.9deg	17	34	578	578
2	610 km/42.0deg	18	36	648	1226
3	630 km/51.9deg	17	34	578	1804
4	590 km/33.0deg	28	28	784	2588
5	610 km/42.0deg	18	36	648	3236

Kuiper 用户终端将允许住宅、企业和移动（交通）等用户通过电调转向的相控阵天线，或机械转向抛物面天线，实现与 Kuiper 卫星达到接入。Kuiper 卫星不存在星间链路，所以系统关口站站址需要分布在整个服务区域，以使每个卫星接入两个不同的关口站，从而提升系统吞吐量并降低共线干扰事件。使用地面光纤回程链路对来自不同关口站站址的业务进行聚合，传输到互联网交换点（IEP，Internet Exchange Point）或存在点站点（PoP，Point-of-Presence）。卫星系统与内容分发缓存、企业和电信网络对等进行连接到互联网骨干网，或直接连接到亚马逊骨干设施和数据中心，如图 2-3 所示。

上述四个卫星通信系统中，INMARSAT 属于高轨卫星系统，而铱星座属于低轨卫星系统，Walker 星座一般用于设计中轨和低轨卫星通信系统，Kuiper 系统属于低轨卫星系统。低轨卫星星座相比高轨卫星星座而言，存在星间链路的频繁切换的问题。造成这一问题的主要原因是当轨道间相邻卫星靠近高纬度地区时，由于星间距离逐渐靠近，相对角速度增加。由于处在太空环境下，卫星天线调整的速度并不能和星间相对角速度的进行快速匹

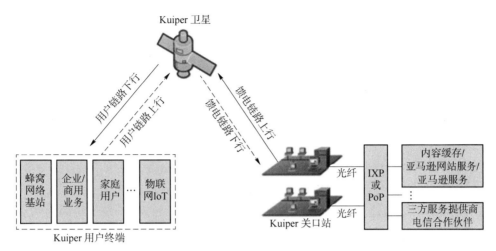

图 2-3　Kuiper 系统网络架构

配,因此难以建立稳定、可靠的星间链路。对于同一个卫星通信系统,处于相邻轨道面的不同卫星在高纬度地区相遇时,相邻的两颗卫星在穿过交汇点时,其相对的空间位置会发生大幅度改变,必定发生链路的断开并重新建立。除此以外,低轨卫星系统还伴随着如严重的多普勒频移等棘手的关键技术问题,然而其更低时延、更高通信容量等优势,使得近几年工业界和学术界的焦点放在了低轨卫星通信系统。

2.4　卫星地面融合网络

卫星通信网络是国家信息通信网络的重要的基础设施,其覆盖范围广,不受地理等客观因素的限制,在国家安全、促进经济发展等方面具有重大的战略意义,随着第五代移动通信系统(5G)的商用,卫星地面融合网络成为全球范围内的研究的热点。因此,下一代网络将利用卫星通信系统和地面移动通信网络的互相融合,提供多样化的接入服务,实现无缝的移动接入,以支撑各类移动终端、物联网等各类设备随时随地接入网络并提供丰富的移动业务服务,从而突破地域和环境的限制。

卫星地面融合网络并不是简单地让卫星网络和地面网络共存在网络之中,而是具有丰富的技术内含。根据欧洲电信标准化协会(ETSI,European Telecommunications Standards Institute)在 TR 103 124-V1.1.1 标准关于卫星地面融合网络的定义,卫星地面融合网络是一种采用卫星网络和地面网络向其最终用户提供数据业务的系统。这两个网络由相同的网络管理系统控制,并且可能使用相同的频段。

当前,学术界一般将卫星地面融合网络的融合方式由浅入深分为如下五种级别。

(1)覆盖融合。卫星网络用于补充覆盖地面网络,两者仍然是相互独立的网络,提供的业务和采用的技术互不相同。覆盖融合是融合级别中必须要满足的最基本的融合需求,这是卫星网络相比较地面网络最基本的优势和特点。

(2)业务融合。卫星网络和地面网络仍然独立组网,但能够提供相同或相似的业务质量,在部分服务 QoS(Quality of Service,服务质量)指标上到达一致水平。但是由于独立组

17

网,提供通信服务的方式仍然不同,从用户层面上依旧要区分卫星接入用户和地面接入用户。

（3）用户融合。使用统一的用户身份（码号）提供服务,用户身份唯一、统一计费,网络按需选择利用卫星或者地面网络提供服务。用户融合并不体现在技术架构上的融合,卫星网络和地面网络仍然是独立组网。

（4）体制融合。采用相同的架构、传输和交换技术,用户终端、关口站或者卫星载荷可大量采用地面网技术成果。体制融合是目前大量的学术研究和体系架构设计中重点关注的部分,其牵扯到大量的技术架构上的理论和工程上的统一,也是卫星地面融合网络最重要的一部分。

（5）系统融合。星地构成一个整体,提供用户无感的一致服务,采用协同的资源调度、一致的服务质量、星地无缝的漫游。系统融合是卫星地面融合网络要实现的最终融合目标。

从宏观上来讲,卫星既可以和地基网络具有相同的功能地位,又可以作为地基网络的回程方式,用卫星覆盖范围广、通信容量大、传输质量好、组网方便迅速和全球无缝衔接的特点来弥补地基网络的不足,因此卫星地面融合网络的最基本的定位是满足未来无处不在的网络接入。深入到微观上来看,不同于蜂窝异构网络中往往采用网关进行互联,天地一体化的网络则是需要融合两个或多个子网,实现不同网络的互联互通。

网关在计算机网络里被称作网络连接器、协议转换器。由于协议的不同,网关这个概念所表达的含义差别很大。在异构网络的网关互联里,网关的作用是在通信协议、数据格式、体系结构完全不同的两种网络之间,起一个协议转换器的作用。网关互联和网络融合的区别,通俗来讲,假设一个场景,一个只会中文的人和一个只会英语的人在交谈,网关互联相当于是一个翻译官,他负责将一个人说的话翻译成另一个人所会的语言。这样两个人并不会对方的语言,但是在各自看来,对方相当于是一个和自己一个语种的人。在第三个人看来,两个人仍然是属于不同语种的人。网络融合则是要求这两个人都需要掌握一种共同语言,这样两个人就不需要翻译这个角色就可以进行畅谈。

网关互联的核心思想是"互联",其强调的是针对多个异构的网络而言,用协议转换的方式在不同的网关之间构建一种层级化的连接关系。之所以要形成层级关系,目的是不打破任何一个子网内部的网络组织结构,避免因为向任何一个子网引入新的网络协议或者新的网络策略而导致子网内部通信的紊乱。

对比网关互联,网络融合的核心思想是"融合",更强调的是一种扁平化一体化的关系。在目前的网络体系架构的发展中,扁平化一体化的设计思路一直是学术界所追求的目标。对于扁平化的异构网络融合,其真正做到的是所有异构子网融合成一张平面网络,目的是实现网络的强延拓性和强协同控制能力。卫星地面网络融合的目的,就是着眼于融合体现出来的协同控制能力。

卫星地面融合网络,在和卫星网络和地面网络的网关互联上是一定要区别开来的,如果仅仅是实现网关互联,那么一体化和融合的特性和优势就无法利用起来,基于网络融合开展的各种研究内容和成果也会被认为是常规的网关互联技术在卫星通信上的应用,这也并非卫星地面融合网络的实现目标。卫星地面网络的融合,客观地划分了五个融合的级别,实现技术和融合程度由浅入深,卫星地面网络的融合中所体现出来的星上和地面的协同控制以及一体化的通信服务才是学术界更加关注的重点。

根据前文所述,卫星地面融合网络的核心在于天基和地基网络的融合。针对当前学术界所研究的卫星地面融合网络架构,可以根据其融合程度的级别,分为松耦合网络和紧耦合网络。

2.4.1　卫星地面松耦合网络

在松耦合网络的网络架构中,地面网络和卫星网络的独立性相对较高,对于底层硬件设备和协议而言,并不需要对现有的卫星网络和地面网络的现有硬件协议架构做大幅改变。卫星网络的建设和地面上的网络建设有所区别,测试一个卫星系统,必须要将所有的卫星发射至轨道上才可以测试,如果卫星系统是硬件固话不可改动和拓展,卫星系统测试、更新的风险和代价均会很高。在松耦合的网络结构下,可以大幅降低测试和更新的风险和代价。但另一方面,松耦合必然会导致的是卫星系统的功耗和运行成本上升,会投入更多的设备资源。而对于卫星仅仅可以依靠太阳能供给的设备,功耗的上升是必须要量化的指标。同时,在成熟的网络体系中,松耦合的网络会导致延拓性和可扩展性的下降,并且会带来一定的安全问题。松耦合的网络结构在大规模的网络体系下带来的安全漏洞也是一个难以维护的问题。

在相对独立的硬件协议架构下,对于通信覆盖层面,卫星可以作为地面网络的很好的补充,对于业务层面和用户层面,可以在软件协议架构中实现卫星网络和地面网络的相对统一。松耦合网络不需要对传统卫星网络以及地面移动互联网络进行太多改造,可以满足覆盖融合的基本需求,一定程度上可以满足部分业务融合的需求,例如短信业务、话音业务,甚至应急低清视频业务。因此根据融合的级别属于覆盖融合到用户。

2.4.2　卫星地面紧耦合网络

根据上一节所介绍的卫星地面松耦合网络,如果卫星网络和地面网络不进行硬件协议上的改变,很难进行体制上的融合。卫星和地面的通信场景差别很大,经历长时间的通信技术的发展,卫星和地面硬件协议也相去甚远,这也导致了松耦合网络下无法达到更高融合的程度。

紧耦合网络将网络的功能进行聚合,对整体的架构进行革新并且改造,对于紧密相关并且相对固定的网络单元建立紧耦合,形成固定的模块,对于模块生产制造专门的设备或者芯片。网络系统研制初期所开发的模块和单元,网络功能和冗余处理模块,进行功能聚合,保留放射型功能而聚合唯一条件型功能单元。将网络的功能流和系统最小拓扑进行聚合和简化,从而使网络的微观复杂度降低。对于相对成熟的卫星地面网络系统,紧耦合网络比松耦合网络更适合长期的运营和使用。

紧耦合网络最终需要对星上载荷进行大幅度革新设计,对星地基站间空口协议,星地基站-核心网间空口协议等进行改造,并且可以融合地面与卫星的通信核心网。且其具备较大处理能力,故不仅仅可以完成通信需求,还可增添存储计算功能,以达到卫星网络与地面网络的深度融合,最终满足星地融合网络的体制融合和系统融合需求。因此根据融合的级别属于体制融合或者系统融合。

2.5 国内卫星网络融合现状及前景

当前我国正在推进空间基础设施建设，为了从航天大国迈向航天强国，面临的问题和挑战不可小觑。其中，现有的通信、导航、遥感卫星系统各成体系，军用卫星系统与民用卫星系统相互分离，获得的信息需按步骤分级处理导致效率较低、服务滞后。这些问题都亟须解决，因此，需要在以下几个方面推进我国卫星事业发展：(1)实现分离的卫星系统串联，研究实现一星多用、多星组网、天地互联、多网融合；(2)实现时空融合，研究统一基准、挖掘数据、关联表征；(3)实现畅通服务，研究星地协同、组网传输、智能处理。

天基信息实时服务系统(PNTRC)的提出是保障我国战略安全、海洋权益、国家安全的必要举措，是使得我国从航天大国迈向航天强国的关键一步。天基信息实时服务系统将实现卫星通信、卫星导航定位授时、卫星遥感与地面互联网的集成服务，为军民用户提供任意时间任意地点的信息获取、高精度导航定位授时、遥感与多媒体通信服务。其中，实时定位精度将达到米和分米级，为各种类型的用户提供高精度实时导航信息；精密授时达到纳秒级，提供时间信息和时间同步信息；实时获取光学和雷达视频数据，快速遥感全天候、全天时，为全球用户的手机以及其他移动终端推送个性化信息；克服地面网络覆盖范围的局限性，让世界上不限地区的用户都能享受到可靠、安全、高速的天地一体化通信和数据传输服务。PNTRC 具体含义示意图如图 2-4 所示。

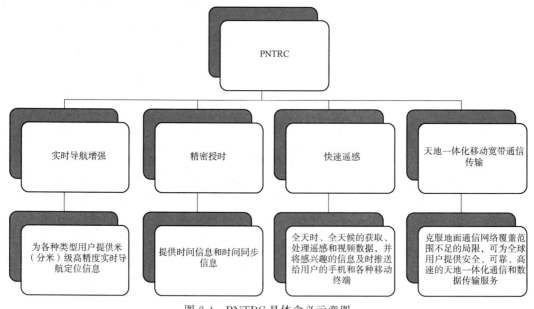

图 2-4　PNTRC 具体含义示意图

天基信息实时服务系统核心技术的攻克需要分两大步：第一步，实现多星协同观测和传输；第二步，实现遥感、导航、通信复用，实现卫星组网、天网、地网融合，一体化协同传输，提升服务系统智能服务能力。对于具体建设规划，也应分两步进行：第一步，为我国和"一带一路"地区发射 100 颗低轨通信卫星，再发射 80 颗用于遥感的光学及雷达卫星，定位导航精度为亚米级；第二步，发射300颗低轨通信卫星和200颗遥感卫星，服务范围扩展至全球，能在4到5分钟进行全球重复采样。我国通过实施"高分""二代导航"，在卫星导航定位、高分辨率卫星对地观测等方面取得了一批具有国际竞争力的技术成果，为本项目的启动打下良好基础。

2018年1月19日，面向通导遥一体化技术研制的首颗技术验证卫星"亦庄全图通一号"顺利发射升空，进入预定轨道。该卫星实现船舶自动识别系统、导航通信一体化载荷、先进小口径星载相机、位置报告和搜救信息传递等技术的验证，为天基信息实时服务系统的建设打下坚实的第一步。

2.6 小 结

本章主要介绍了卫星地面融合网络相关的一些背景和基础概念，对卫星地面融合网络、卫星和星座的分类进行了简要介绍，目的是让读者对卫星地面融合网络有一个基本的认识，尤其是对卫星与地面网络的融合方法有深度的理解，为后面相关技术的了解和掌握进行铺垫。

第 3 章　卫星地面融合网络应用场景与研究进展

3.1　卫星地面融合网络典型场景

国际电信联盟(ITU)定义的 5G 的三大主要应用场景分别是增强的移动宽带通信(eMBB)、超高可靠低延迟通信(uRLLC)以及大规模机器通信(mMTC)。由于卫星通信系统相对时延较大,因此卫星地面融合网络的应用场景主要聚焦于 eMBB 和 mMTC 通信业务。按照 3GPP TR 38.811 标准的定义,典型的卫星地面融合网络应用场景中 eMBB 场景用例共 8 个,mMTC 场景用例共 2 个。

3.1.1　eMBB 增强型移动宽带通信业务场景用例

增强移动宽带(enhanced Mobile Broadband),eMBB,在 5G 场景中用来满足大流量移动宽带业务的需求,eMBB 场景是指在现有移动宽带业务场景的基础上,对于用户体验等性能的进一步提升,主要还是追求人与人之间极致的通信体验。考虑到星地融合网络的需求,具体来讲,分为以下几种用例。

用例一:卫星结合地面无线/蜂窝或有线接入,为地面服务能力不足地区的小区或中继节点提供宽带连接,使得这些地区的用户通过多种网络技术连接到 5G 网络,例如缺少网络覆盖的家庭或小型办公室或临时搭建设施中的大型活动等。

用例二:卫星作为回程链路,为核心网与缺乏网络覆盖的小区之间提供宽带连接服务,使得隔离村庄或工业场所的用户可访问 5G 服务,例如在采矿、近海平台等场景中需要用卫星作为回程。

用例三:卫星作为回程链路,在核心网和移动平台之间提供宽带连接服务,使得船上或飞机上的乘客接入 5G 网络,例如为飞机或船只提供核心网的连接。

用例四:卫星作为备份或辅助的连接方式,为一些需要两个或多个网络连接来保障高可靠性、防止网络连接中断的关键链路提供服务。

用例五:卫星直接服务用户终端,提供公共数据网与移动网络之间或两个移动网络之间的宽带连接,可以为某些受灾失去网络连接的区域提供点对点服务,部署或恢复 5G 网络。

用例六:卫星支持将组播传送到 5G 网络边缘的广播信道,从移动网络基础设施卸载流行内容,例如从回程级别的网络基础设施卸载媒体和娱乐内容、实况广播等。

用例七:卫星结合地面蜂窝接入,为移动平台上的小区/小区组或中继节点提供宽带服务,例如乘坐高速/普通火车、公共汽车、河船等公共交通工具的乘客可通过混合蜂窝网络或者由卫星连接的基站来获得可靠的 5G 服务。

用例八:利用卫星的广播和多播特性,为接收站终端提供广播服务,例如为家居或移动平台的电视或多媒体提供广播服务。

3.1.2 mMTC 大规模机器类通信业务场景用例

大规模机器类通信(massive Machine Type Communications,mMTC),即利用海量物联网来满足大规模互联网业务的需求,mMTC 将在 6 GHz 以下的频段发展,同时应用在大规模物联网上,较常见的是 NB-IoT。以往普遍的 Wi-Fi、Zigbee、蓝牙等,属于家庭用的小范围技术,回传线路(Backhaul)主要都是靠 LTE,近期随着大范围覆盖的 NB-IoT、LoRa 等技术标准的出炉,有望让物联网的发展更为广泛。在 3GPP 38.811 标准中共有 2 个典型的卫星应用场景用例,分别是广域物联网服务和局域物联网服务。

用例一:广域物联网服务。此场景传感器组成的物联网设备分布在全球任意区域,并向卫星发送远程应用需求。卫星作为中央服务器,收集各传感器上报的信息并执行中央控制。在实际应用中,这些传感可用于汽车和道路运输、石油/天然气基础设施的关键监控和车队管理等远程通信应用。

用例二:局域物联网服务。此场景中,传感器组成群组收集本地信息、相互连接并向中心节点报告,中心节点还可以命令一组执行器采取局部动作。其中,卫星用于连接移动网络核心网和传感器组成的小区/小区组中的设备。例如这些传感器和执行器可位于智能电网子系统或船舶、卡车、火车上的集装箱等移动平台上。局域物联网平台的传感器的应用不如广域物联网平台广泛。

3.2 卫星地面融合网络标准化研究进展

随着卫星地面融合网络应用场景的需求与技术的不断成熟,卫星地面融合网络标准化也逐步在相关标准化组织的努力下推进。主要研究卫星地面融合网络的标准化组织包括 3GPP、ITU 和 ETSI 等,在本节将围绕标准化研究的进展展开介绍。

3.2.1 3GPP 标准化组织

3GPP(Third Generation Partnership Project,第三代合作伙伴计划)是一个成立于 1998 年 12 月的标准化组织,最初的工作范围是为第三代移动通信系统制定全球适用技术规范和技术报告,随后 3GPP 的工作范围又增加了对 UTRA(UMTS Terrestrial Radio Access,陆地无线接入)长期演进系统的研究和标准制定。

3GPP 从 Release 14(R14)开始开展星地融合相关的研究工作。在 TS22.261 中,3GPP 主要研究了 5G 的系统新功能和市场需求,以及满足上述需求所必需的性能指标和基本功能需求,同时研究中把卫星接入技术纳为 5G 的基本接入技术之一。3GPP 中有关天地融合卫星通信相关标准的研究主要在 TR38.811、TR38.821 和 TR22.822 中开展,各个标准主要的研究方向如表 3-1 所示。

表 3-1　TR38.811、TR38.821 和 TR22.822 的研究方向

标准名称	研究方向
TR38.811	提出面向非地面网络的 5G 新空口标准
TR38.821	在 TR38.811 标准的基础上，重点关注 5G 中使用的卫星接入
TR22.822	研究卫星网络接入，对已有服务更新，进一步研究基于 5G 的接入

TR38.811 是 3GPP 提出的面向非地面网络的 5G 新空口标准。标准中定义了包括卫星网络在内的非地面网络(NTN，Non-Terrestrial Networks)的作用、非地面网络的业务特性以及网络结构、非地面网络部署方案以及非地面网络信道模型。5G 非地面网络将为网络覆盖薄弱的地区提供低成本的覆盖方案、对于 5G 网络中的 M2M/IoT 业务和高速移动用户提供无所不在的网络服务、借助卫星优越的广播/多播能力为网络边缘网元及用户终端提供广播/多播信息服务等。标准中归纳了 5G 网络中 10 个典型的卫星应用场景，包括 8 个增强型移动宽带(eMBB)场景和 2 个大规模机器类通信(mMTC)场景，同时确定了典型 5G 网络应用场景下的非地面网络部署方案。

TR38.821 标准在 TR38.811 标准的基础上，重点关注 5G 中使用的卫星接入。在链路级和系统级的层面，对典型场景的性能进行仿真验证。该标准研究 NTN 架构对 5G 物理层的影响，还研究了无线接入网的框架以及对应的接口协议。在 TR38.821 中还没有关于无线物理层也就是层 1 的统一定论。对于无线协议也就是层 2 的研究包括不同场景下的时延计算、用户面 MAC 层以及 RLC 层等、控制面中小区切换和跟踪区域管理等。对于无线架构和接口协议即层 3 的研究主要包括跟踪区域管理、连接状态下的移动性管理、位置更新和寻呼处理、传输特性、网络标识管理、用户位置、用户移动性管理、馈电链路切换等。

TR22.822 标准主要研究卫星网络的接入，结合对 5G 卫星网络应用场景的分析，对已有服务进行更新，并计划进一步开展基于 5G 的接入研究。在这份报告中，定义了卫星在 5G 中的三大服务用例，分别是连续性服务、泛在性服务和扩展性服务，并介绍了 12 种 5G 卫星功能需求，包括卫星网络与地面网络之间的漫游、卫星覆盖的广播与多播、卫星物联网、卫星应急应用、卫星网络最佳路由、卫星跨国服务的连续性、卫星全球覆盖、5G 卫星直接连接、5G 接口与核心网之间的通信链路、5G 移动平台通信、卫星与远程服务中心的连接。

3.2.2　ETSI

欧洲电信标准化协会 ETSI 主要负责制定电信领域及信息与广播领域的标准。该组织是被欧洲标准化协会 CEN(Comité Européen de Normalisation)及欧洲邮电主管部门 CEPT(Confederation of European Posts and Telecommunication)认可的电信标准协会，通常 ETSI 制定的标准也被欧洲采用。

ETSI 在电信标准制定方面的工作主要由下设的 13 个技术委员会负责，其中与卫星通信相关的工作组为 TCSES，即卫星地球站与系统技术委员会。TCSES 负责的卫星通信相关的工作包含各类卫星通信系统(移动的和广播式的)、地面站及设备的无线频率接口、网络用户接口以及卫星及地面系统的协议，同时与相应的 ITU 研究组协调沟通。在 TCSES 委员会下，WG-SCN(Working Group-Satellite Communication and Navigation)工作组负责所有分配给卫星移动通信业务(MSS)、卫星固定通信业务(FSS)频段的固定、移动

卫星系统,以及分配给卫星无线电定位业务(RDSS)频段的全球导航卫星系统(GNSS)的工作。

DVB(Digital Video Broadcasting,数字视频广播)是由"DVB Project"维护的一系列为国际所承认的数字电视公开标准,"DVB Project"则由 ETSI 与欧洲电子标准化组织(European Committee for Electrotechnical Standardization,CENELEC)和欧洲广播联盟(European Broadcasting Union,EBU)联合组成的"联合专家组"(Joint Technical Committee,JTC)发起,其中卫星对应的 DVB 标准为 DVB-S,即数字卫星直播系统标准。数字卫星传输系统可以满足卫星转发器的带宽及卫星信号的传输特点,在该标准中以卫星作为传输介质,将视频、音频等放入固定长度打包的 MPEG-2 传输流中,然后进行信道处理和数字调制,通过卫星转发的压缩数字信号,经过卫星接收机后由卫星机顶盒处理,输出视频信号。在 DVB-S 标准公布以后,几乎所有的卫星直播数字电视均采用该标准,我国也选用了 DVB-S 标准。为了促进卫星地面融合网络的发展,适应时代发展的需要,在 DVB-S 基础上还制定了 DVB-SMATV(数字卫星共用天线电视广播系统标准)以及用于指导卫星交互通信系统(交互通信,指在广播通信的基础上在地面用户与卫星之间增加了一条回传链路即被称为交互通信;交互通信的出现极大地扩展了卫星通信应用的范围)设计的 DVB-RCS(数字电视广播—通过卫星返回通道)系列标准,并且对基于 DVB-RCS 的 DSNG(数字卫星新闻采集)的物理层协议进行了规定。ETSI 制定的星地融合相关标准以及标准内容如表 3-2 所示。

表 3-2 ETSI 制定的星地融合相关标准以及标准内容

标准名称	标准内容
EN 301 790《DVB;卫星分配系统的交互信道》	DVB-RCS 系列标准的核心标准,规定了交互通信系统的系统模型、工作原理和对通信链路的具体要求
EN 301 428《SES;甚小孔径终端,发送、接收及发送、接收地球站》 EN 301 427《SES;基于 11/12/14 GHz 频段的低速率卫星移动地球站(机载移动地球站除外)》	针对卫星交互通信系统中地面系统的标准
TR 103 124《SES;卫星地球站及系统,卫星与地面网络融合》 TR 103 166《SES;卫星地球站及系统,卫星应急通信,基于卫星的应急通信单元》	规定了卫星与地面网络的融合、系统测量、交互通信中回传链路的数据封装、卫星通信在应急通信中应用、地球站中的相关设备、地球站的电磁兼容性

ESTI 制定的相关标准已经在全球范围得到了推广,目前我国的卫星通信应用主要集中 C 频段和 Ku 频段,即主要用于卫星广播业务(BSS)和卫星固定通信业务(FSS)。随着我国通信卫星事业的发展,卫星通信应用必将向 Ka、Ku、Q/V 等频段延伸。ETSI 的相关标准凝聚了欧美等国在卫星通信应用领域的研究成果,对于我国开展卫星通信应用活动具有重要的借鉴意义。

3.3 卫星地面融合网络的国外研究进展

随着近年来卫星通信与地面 5G 的融合迎来发展热潮,除了卫星地面融合网络相关标准的制定,卫星地面融合网络的国外研究项目也在不断地深入推进。

3.3.1 5GPPP 项目

5GPPP 是欧盟委员会和欧洲 ICT 行业(ICT 制造商、电信运营商、服务提供商、中小企业和研究机构)在频率规划和国际标准化上展开的国际合作。5GPPP 项目计划分为三个阶段:阶段一(2014—2016 年)进行基础研究和愿景建立;阶段二(2016—2018 年)进行系统优化并预标准化;阶段三(2018—2020 年)进行规模试验并初期标准化。

在 5GPPP 众多研究项目中,SaT5G 是围绕 5G 系统中卫星与地面网络融合而展开的专项项目,其研究周期为 2017 年 6 月至 2019 年 11 月,共计 30 个月,经费支持为 8316502.5 欧元,项目组成员包括 AVA(英国卫星运营商,Avanti Communications)、SES(欧洲卫星全球公司,SES Global)、萨里大学等。

SaT5G 项目旨在为 5G 提供低代价的即插即用的卫星通信解决方案,以使得电信运营商和业务供应商加速 5G 的部署,也为卫星产业链提供创新的和逐渐增长的市场机会。项目希望能推动相关的 5G 及卫星研究团体评估和定义将卫星融入 5G 网络架构的解决方案,对 5G 网络建立融入卫星网络的解决方案并规范关键性技术。该项目还包括在实验室环境开展验证关键技术测试,在 ETSI 和 3GPP 中推进 5G 与卫星通信融合的相关标准。为实现上述目标,SaT5G 确定了卫星融入 5G 的 4 个关键使用情形和 6 项关键技术,如表 3-3 所示。

表 3-3　SaT5G 确定卫星融入 5G 的使用情形和关键技术

使用情形	多媒体内容和多址接入边缘计算 MEC 虚拟网络功能 VNF 软件的边缘分发卸载 5G 固定回程和 5G 移动平台回程 5G to Premise
关键技术	卫星网络功能虚拟化 融合 5G-卫星的资源编排机制和业务管理 为小蜂窝连接建立链路聚合方案 推动卫星通信中 5G 的特点/技术 星地接入间建立优化/协调关键管理和授权方法 发挥多播优势以实现内容分发和 VNF 分布

迄今为止,SaT5G 项目取得了一些可喜的研究成果,例如 AVA(英国卫星运营商,Avanti Communications)等项目成员推动了 3GPP 中 TR38.811 等多项卫星与 5G 融合的标准化报告。除此之外,在斯洛文尼亚卢布里亚纳举行的 2018 欧洲网络与通信会议 EUCNC 上,SaT5G 项目联盟现场测试演示了卫星与 3GPP 网络架构的融合,验证了 SDN/NFV/MEC 的 Pre-5G 建设测试平台与 GEO 卫星融合、卫星回程及 Pre-5G 网络中的多媒体内容有效边缘传输等关键场景。

3.3.2 SANSA 项目

SANSA(Shared Access Terrestrial-Satellite Backhaul Network enabled by Smart Antennas,支持智能天线的共享地面-卫星回程网络)为 H2020(欧盟的"地平线 2020"研发

项目)支持的一个课题,由 CTTC(加泰隆尼亚通信技研究中心)、卢森堡大学等组织牵头发起,课题研究时间为 2015 年 2 月至 2018 年 1 月,课题资助为 355.7680 万欧元。面对 5G 系统提出的容量增长目标,SANSA 项目旨在为未来大容量通信系统的回程链路提供解决方案,同时增加移动回程网络容量来满足未来业务量需求。除此之外,SANSA 项目致力于显著提升回程网络抗毁性,并且在高密度及低密度区域简化移动网络的部署,在用于回程链路的扩展 Ka 频段提升频谱效率,还降低了移动回程网络的能耗,从而增强欧洲地面和卫星运营商市场及相关产业。

为实现上述目标,SANSA 项目提出了卫星 5G 融合即卫星回程链路无缝融入地面网络、自组织地面网络即基于业务需求的网络拓扑自配置及动态频谱共享即卫星地面网络频谱共享技术等关键特性,并提出了以下 6 个关键技术:采取低开销天线波束成形方案来实现干扰管理和网络拓扑再配置;将智能动态无线资源管理技术应用于混合星地网络;提出数据库辅助的共享频谱技术;提出可互操作的、自组织的负载均衡路由算法;提出能量高效的业务量路由算法;采用面向地面分布网络的卫星多播波束成形技术等。

3.3.3 SatNEx IV 项目

SatNEx IV 是由 21Net Ltd、2operate 等组织牵头对下一代卫星中继、无人飞行器自组网、小卫星群智网络以及卫星接入等展开研究的项目,研究内容主要涉及卫星电信系统、网络和欧洲航天局的研发计划中的技术以及后续行动的协议;探测和初步评估地面电信技术以及空间电信应用;促进欧洲/加拿大工业界和研究机构在电信研究课题上的合作。SatNEx IV 对于星地融合网络的研究计划如图 3-1 所示。

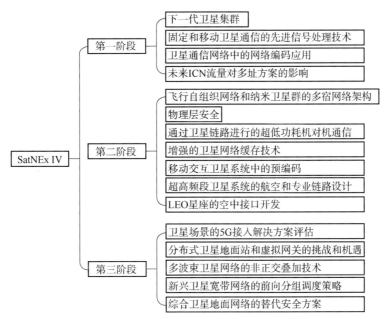

图 3-1 SatNEx IV 对于星地融合网络的研究计划

从 2019 年开始,SatNEx IV 项目还准备处理以下工作:超低功率密度单向/双向物联网卫星通信、物理层安全性增强、卫星 NOMA 技术、卫星系统优化的大规模深度学习、5G 及以上卫星通信的创新网络解决方案还有卫星上的大型多天线等。

3.3.4　DUMBO 项目

DUMBO(Digital Ubiquitous Mobile Broadband OLSR)项目是由泰国、法国、日本三国研究机构于 2006 年发起的用于探索紧急情况下移动无线网络部署的研究。紧急网络是可以在紧急情况下部署的网络，例如在自然灾害发生后进行的救援操作。它不依赖固定的电信基础设施，因此可以在相对较短的时间内建立起来。2006 年，项目组进行了一次纯 OLSR DUMBO I 实验，成功进行了涉及两次模拟实验，实验模拟自然灾害情况下两个深林站点间链接的通信节点和 IPStar VSAT 卫星作为曼谷总部节点之间的通信过程。进一步，DUMBO II 假设传统的通信基础设施已经部分恢复，且网络用户具备有限访问 Internet 的能力。在该阶段，MANET(Mobile Ad Hoc Network，无线自组织网络)网络被用作紧急网络来扩展超出固定基础设施的网络连接。

3.3.5　小结

本节主要介绍了卫星地面融合网络国外的研究项目以及这些项目不同的研究目的、研究计划等。这些项目对星地融合网络中的待提升进行了基本预研，为了更好地了解这些项目，现总结其基本特点如表 3-4 所示。这些有关研究项目的出现和发展势必会促进卫星地面融合网络的研究进程，使卫星通信和地面 5G 的融合更真实更有效。

表 3-4　卫星地面融合网络国外的研究项目对比

	发起组织	研究计划	研究目标
5GPPP (SaT5G)	欧盟委员会和欧洲 ICT 行业	阶段一进行基础研究和愿景建立；阶段二进行系统优化并预标准化；阶段三进行规模试验并初期标准化	提供方案促进加速 5G 的部署
SANSA	CTTC、卢森堡大学等组织	提出卫星回程链路无缝融入地面网络、基于业务需求的网络拓扑自配置、卫星地面网络频谱共享技术	为未来大容量通信系统的回程链路提供解决方案，增加移动回程网络容量来满足未来业务量需求
SatNEx IV	21Net Ltd、2operate 等组织	共三个阶段，完成卫星电信系统、网络和欧洲航天局的研发计划中的技术等	探索新兴研究领域探明研发渠道
DUMBO	intERLab(Thailand)、INRIA(France)、WIDE Project(Japan)	阶段一实现了纯 OLSR 的 DUMBO I 实验；阶段二提供了 Internet 连接的 MANET，以提供具有会话连接性的移动接入网络的全球到达服务	在没有固定网络基础设施的环境中使用 Ad-hoc 网络，探索紧急情况下异构网络的运行

3.4 国外卫星地面融合网络商用航天发展

随着 5G 即将进入商用,卫星通信与地面 5G 的融合成为人们讨论的新热点,除了卫星地面融合网络的国外研究项目在持续进行,国外的众多公司企业也提出了各自的商用航天计划,积极推进卫星地面融合网络的发展。

3.4.1 SpaceX 公司与星链计划

2015 年 1 月,美国 SpaceX 公司宣布了"星链"计划,预计花费 100 亿美元发射约 1.2 万颗通信卫星到太空轨道,并且该星座预计从 2020 年开始工作,旨在为全球消费者提供廉价、快速的宽带互联网服务,强调卫星网络所提供的服务在延迟问题上将不输于或优于光纤网络。根据欧洲航天局的最新数字,目前地球轨道上共有 2000 颗工作卫星,如果"星链"计划成功完成部署,其新入轨的卫星总数就会是目前所有国家在轨运营的卫星总数的将近 6 倍,成为迄今为止人类提出的规模最大的星座项目。

1. 系统构成

SpaceX 空间段的整个星座的建设思路为先实现美国本土全境覆盖、后完成全球覆盖,并分成三个阶段构建。第一阶段预计在部署 400 颗卫星后开始出售初期服务,并于 2020—2021 年部署完 800 颗后满足美国、加拿大和波多黎各等国的天基互联网需求。第二阶段预计 2024 年左右完成部署来达成全球组网,增加系统容量和对极地以及高纬度地区的覆盖。第三阶段则在前两个阶段的基础上选择更少被使用的频谱来进一步增加星座容量,并与前两个阶段的星座共同为用户提供通信速率更快、时延更低的宽带卫星通信服务。每个阶段具体的部署内容如表 3-5 所示。

表 3-5 SpaceX 每个阶段部署内容

	部署内容
第一阶段 初步覆盖	24 个 550 km、倾角 53°的轨道面上的 1584 颗 Ka/Ku 频段卫星。 每个轨道面 66 颗卫星,星座容量约为 30 Tbit/s,时延为 15 ms,可为每个终端提供最高 1 Gbit/s 的数据传输速率
第二阶段 全球组网	1110 km、1130 km、1275 km 和 1325 km 等 4 种不同轨道高度的 2825 颗 Ka/Ku 频段卫星。 轨道面个数分别为 32、8、5 和 6,各轨道面部署 50～75 颗卫星不等
第三阶段 增加容量	在最初提出的 Ka、Ku 波段星座基础上部署在 335～345 km 轨道高度的 7518 颗 V 频段卫星组成轨道更低的低轨星座。V 频段的星座将利用目前卫星通信很少采用的 37～50 GHz 范围内的频谱

SpaceX 系统空间段上采用了星间激光链路,可实现无缝网络管理和连续服务,卫星与网关之间的通信采用 Ka 波段,卫星与用户终端之间的通信则采用 Ku 波段。系统在地面段上包含三种地球站:TT&C(Telemetry、Track and Command 遥测、跟踪和指挥)站、网关站和用户终端。SpaceX 系统的空间段和地面段一起构成了庞大的卫星通信系统,并且希望利用这个系统达成如下目标,如图 3-2 所示。

2. 研究现状

2017 年至 2018 年,"星链"的所有发展计划均已得到美国联邦通信委员会的批准,获得了在美国的落地权,还引起了美国军方的特别关注,并且于 2018 年获得美国空军战略开发

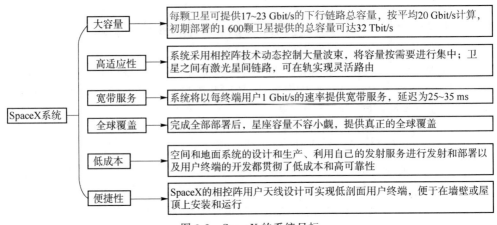

图 3-2　SpaceX 的系统目标

规划与实验办公室价值 2870 万美元的合同,用于在未来三年内测试军方使用该星座服务的方式以及可行性。2019 年 5 月 24 日,SpaceX 发射 60 颗"星链"低轨试验卫星,与之前发射的试验卫星配合,进一步测试星载天线和电推进系统。未来,该公司将根据本次试验情况继续安排"星链"业务卫星的发射计划,正式开启星座建设工作。SpaceX 计划在 2020 年中期之前在三个轨道上部署近 12000 颗卫星,目前该计划正在稳步进行中。

3.4.2　OneWeb 公司

全球卫星电信网络的美国初创公司 OneWeb 于 2019 年 2 月 27 日(当地时间 18 点 37 分,格林尼治标准时间 21 点 37 分)从法属圭亚那发射了 6 颗卫星,正式开始卫星网络的部署工作。OneWeb 计划的创始人格雷格·怀勒(Greg Wyler)希望 OneWeb 计划的顺利部署能够实现"用宽带卫星网络环绕地球,覆盖地球上每一个未被服务或服务不佳的角落"的目标。

1. 系统构成

OneWeb 系统由空间段和地面段组成。空间段的低轨道卫星系统由大约 720 颗卫星以及在轨备份星构成,卫星轨道高度约 1200 km,包括 18 个倾角为 87.9 度的轨道面,每个轨道面包含 40 颗初始卫星,将在针对 18 个轨道面进行的 18 次发射之后,每次发射 32 颗卫星以及后续根据需求继续发射,使卫星数量达到每个轨道面 40 颗。这样的配置可提供全球覆盖,大部分所覆盖区域的仰角大于 60°。OneWeb 系统初期发射少量卫星用于评估和概念验证,在完成 720 颗卫星的部署后,卫星数量有可能增加到大约 900 颗,星座总容量达到 7 Tbit/s,并且还有进一步的容量提升计划。OneWeb 地面段由三种类型的地球站构成:TT&C(Telemetry、Track and Command,遥测、跟踪和指挥)站、网关站和用户终端站。地面站的详细设置如图 3-3 所示。

OneWeb 系统还将设置至少两个独立卫星控制中心,互为备份,分别位于美国和英国。网络运行将主要由位于英国和美国佛罗里达州的设施进行控制,这些控制中心与 TT&C 及网关站之间的连接将通过地面租用线路和安全的互联网虚拟专网(VPN)实现。

2. 研究现状

OneWeb 公司 2018 年启动卫星发射,并且计划于 2019 年年初开始为美国阿拉斯加地区提供高速互联网接入服务,在 2019 年全速推进这项工作,到 2020 年完成初始部署。最初发射

图 3-3　OneWeb 地面站详细设置

的六颗卫星被认为是先驱者,能够携带联邦通信委员会分配的频谱并加以使用。项目的计划目标如 OneWeb 首席执行官阿德里安·斯特克尔(Adrian Steckel)在接受 BBC 新闻采访时所说:"我们拥有大量的频谱,地球上将遍布我们的终端设备。网络将覆盖许多目前尚未连接互联网的人。我们将首要连接学校、船只、飞机,并且连接地球上那些不便铺设光纤的地方"。

3.4.3　O3b 公司

O3b 卫星系统由 O3b 网络互联网接入服务公司开发,旨在通过多颗卫星实现全球连接,为全球偏远地区例如非洲、亚洲和南美等地区的 30 亿人口提供高带宽、低成本、低延迟的卫星互联网接入服务。O3b 星座系统是目前全球唯一一个成功投入商业运营的中地球轨道(MEO)卫星通信系统。

1. 系统构成

O3b 公司计划的星座网络由中地球轨道(MEO)通信卫星构成,该网络利用 Ka 波束天线技术,建立具备光纤传输速度的卫星通信骨干网。该卫星系统已在 2013—2014 年采用联盟号火箭部署了前三组共 12 颗卫星,这 12 颗初始卫星已投入运营并在非同步轨道提供固定卫星业务,同时为亚非拉及中东地区提供互联网宽带接入。O3b 星座构成情况如表 3-6 所示。

表 3-6　O3b 星座构成情况

	星座构成情况
初始星座	卫星工作在 Ka 频段,上行频段范围为 27.6～28.4 GHz、28.6～29.1 GHz,下行频段范围为 17.8～18.6 GHz、18.8～19.3 GHz。 每颗卫星配置有 12 副指向可控的蝶形天线,其中 2 个用于与地面信关站通信,10 个用于与用户通信。每幅天线可跟踪地面固定位置,波束可覆盖南北纬 45°以内的地球表面
第二代星座	新增 30 颗 MEO 卫星,8 颗属于第一代 O3b 星座,22 颗属于第二代 O3b 卫星星座。 8 颗一代星中有 4 颗 O3b 中地轨道 Ka 波段宽带卫星于 2018 年 5 月 17 日投入使用,使 O3b 卫星编队总容量增加 38%,并使覆盖区扩大。另 4 颗卫星在 2019 年初由联盟号发射,完成第一代星座的组网建设工作。 12 颗 O3bN 和 10 颗 O3bI 卫星属于第二代 O3b 卫星星座,具有灵活的波束形成能力,可实时实现每颗卫星超过 4000 个波束的形成、调整、路由和切换,以适应任何地方的带宽需求,性能将比 20 颗第一代卫星有明显提高。第二代卫星轨道高度不变,但将新引入 70°倾角的倾斜轨道,以实现近乎全球覆盖

O3b 星座系统中组网架构采用星形组网方式,网络中所有卫星都使用透明转发方式,卫星之间没有星间链路,所有的路由交换都在地面信关站进行,再通过信关站连接到地面段

的地面通信网,用户之间的通信需要经过信关站中继。O3b 星座系统的前向链路(信关站经卫星到达用户终端的链路)和反向链路(用户终端经卫星到达信关站的链路)均采用 Ka 频段,每个转发器的带宽为 216 MHz,卫星与用户终端、信关站之间分别通过用户波束、馈电波束进行通信。O3b 星座系统采用透明转发方式,可以适用于任何技术体制,系统中用户使用的转发器不是固定的,需要随着卫星的轨道运动而在不同卫星和波束之间切换,并且每个波束的指向也可以调整。星座系统将地面分成 7 个区域,针对服务区域的特点采用热点覆盖的方式,即每颗卫星产生 10 个用户点波束,由 12 颗星构成的卫星星座的总用户波束数为 70,点波束可以随用户的移动而移动。

2. 研究现状

2018 年 6 月 8 日,O3b 拟用 26 颗新增卫星在美销售卫星连通服务的请求被批准,新获授权将使 O3b 公司能够运营共计 42 颗中轨卫星。这些新增卫星将会兼用倾斜轨道和赤道轨道,把 O3b 星座覆盖范围从目前的南北纬 50°之间扩展到地球两极,使 O3b 系统成为一个全球性系统。

O3b 星座系统的业务应用涉及地面移动网干线、骨干网、政府通信、能源和海事等领域,系统分别针对不同的应用领域提供不同的速率和服务,例如为政府通信提供保密线路;为地面移动网干线提供基站间通信业务;利用能源领域的低时延特性实现一些实时性要求较高的音视频通信业务;在海事应用方面,可以为游轮用户提供近似于陆地宽带的用户体验,流畅运行各种社交软件和视频通信软件。

3.4.4 小结

本节主要介绍了全球多家运营非静止轨道卫星星座网络以提供全球宽带互联网接入服务的公司的卫星系统的商用现状。同时简述这些企业所构建星座的基本特点。本节从卫星数目、工作频段等方面对这些项目的基本特点进行总结,如表 3-7 所示。

表 3-7 卫星地面融合商用项目对比

	卫星数目	工作频段	卫星轨道	服务类型	有无星间链路
SpaceX	7518	V 频段	极低轨道	全球宽带服务	星间激光链路
	4425	Ka、Ku 频段	LEO	全球宽带服务	
OneWeb	1280	Ka、Ku、V 频段	MEO	MEO 全球宽带服务	无星间链路
	720	Ka、Ku 频段	LEO	第一代 LEO 全球宽带服务	
	720	Ka、Ku、V 频段	LEO	第二代 LEO 全球宽带服务	
O3b	60	Ka 频段	MEO	宽带服务	无星间链路
	24	V 频段	MEO	宽带服务	

3.5 国内卫星地面融合网络主要项目发展

3.5.1 北斗卫星导航系统

北斗卫星导航系统是我国独立自主建设的一个卫星导航系统,由两个独立的部分组成:

一个是 2000 年开始运作的第一代北斗系统(区域实验系统,已于 2012 年到期停止运作);另一个是已经开始面向全球服务的全球导航系统。

第二代北斗系统是一个包含 16 颗卫星的全球导航系统,于 2012 年开始在亚太地区为用户提供区域定位服务。2015 年中期,我国开始建设第三代北斗系统,进行全球卫星组网,截至 2020 年 3 月,已发射 29 颗第三代在轨导航卫星。该系统计划于 2020 年完成建设提供全球定位服务,2035 年建成以北斗为核心的综合定位、导航、授时体系等功能的卫星导航系统。

北斗系统创新融合了导航与通信能力,具有实时导航、快速定位、精确授时、位置报告和短报文通信服务五大功能。其对于通信业务的支持较弱,仅支持单次最高 14000 bit 的短报文通信,故不是本节讨论的重点。

3.5.2 虹云工程

虹云工程是中国航天科工五大商业航天工程之一,该工程计划发射 156 颗卫星,在距离地面 1000 km 的轨道上组网运行,构建一个星载宽带全球移动互联网络,实现网络无差别的全球覆盖,同时支持互联网以及物联网应用。

虹云工程被规划为"1+4+156"三步。第一步计划于 2018 年前,发射第一颗技术验证星并完成单星关键技术验证;第二步计划到"十三五"末,发射 4 颗业务试验星来组成一个小星座,让用户实现初步业务体验;第三步计划到"十四五"末,实现全部 156 颗卫星组网运行,完成业务星座构建。

虹云工程首星已经成功发射,这标志着我国低轨宽带通信卫星系统建设迈出了重要的一步。这不仅是我国首颗低轨宽带通信技术验证卫星,同时是首次将毫米波相控阵技术应用于低轨宽带的通信卫星,能够利用动态波束实现更加灵活的业务模式,后续计划将以此卫星为基础开展低轨天基互联网试验与应用示范。

"虹云计划"的目的是形成一个均匀的网络,为地面网络到不了的地方提供网络服务;为地面网络已经覆盖的地方进行补充。2022 年如果能完成星座部署,虹云工程将可以提供全球无缝覆盖的宽带移动通信服务,为各类用户构建"通导遥"一体化的综合信息平台。

3.5.3 鸿雁工程

中国航天科技集团有限公司鸿雁星座由 300 颗低轨道小卫星及全球数据业务处理中心组成,具有全天候、全时段的实时双向通信能力,并且在复杂地形条件下也可以工作,可为用户提供全球实时数据通信和综合信息服务。

鸿雁星座由 324 颗卫星组成,轨道高度为 1100 km,支持移动通信、宽带互联网接入、物联网接入、热点信息推送、导航增强、航空航海监视六大应用。

目前鸿雁星座首颗试验星已经发射升空,这标志着鸿雁星座建设全面启动。这颗卫星将在轨开展 L 频段和 Ka 频段的通信频率资源可用性和数据转发关键技术的验证,为鸿雁星座全球低轨通信系统的建设奠定基础。

3.5.4 天地一体化重大工程

天地一体化信息网络项目是由中国电子科技集团有限公司提出并牵头论证实施的战略性

基础设施项目。该项目按照"天基组网、地网跨代、天地互联"的思路,以地面网络为基础、空间网络为延伸,覆盖太空、空中、陆地、海洋,为天基、陆基、海基各类用户活动提供信息保障。

天地一体化信息网络重大项目中的低轨接入网轨道高度为 $800 \sim 1100$ km,能够提供全球无缝覆盖的移动、宽带通信服务,支持航空/航海监视、频谱监视、导航增强以及广域物联网服务等。

在天地一体化网络构建中,天基骨干网络的体系架构是其重点。天基骨干网论证由中国电科 38 所主要牵头负责,同时也参与天基接入网和地基节点网建设。天基骨干网主要由地球同步轨道卫星组成,天基接入网由低轨卫星和浮空平台等组成,地基节点网则由多个地面互联的地基骨干节点(信息港)组成。其中,地面信息港是天地网络信息交互枢纽,能够实现多源信息的统一存储、管理、融合、处理和共享,为各类用户提供对天地一体化网络信息资源的统一访问和综合应用,是国家一体化大数据服务体系的重要组成部分。

目前,38 所已承担空间站及多个卫星载荷研制任务,完成了新体制通信载荷的原理样机研制。除此之外,还完成了多型星载应答机及新体制卫星通信载荷设计。在系列卫星应用终端领域,38 所也具有丰富机载、车载卫星通信终端研制经验和极强的通信系统集成能力,同时直升机载卫星通信终端圆满完成"神八"至"神十一"返回及嫦娥搜救通信保障任务。

3.5.5 小结

本节主要介绍了国内卫星地面融合网络主要项目的发展情况,鸿雁工程以及虹云工程建立通信星座的计划正在逐步完成,天地一体化的战略计划势必可以将目前以地面信息网络为主的网络边界,大大扩张到太空、空中、海洋等自然空间,使得人类的网络空间会跃升到一个新的维度。本节从各个项目的特征以及研究现状等方面对这些项目的基本特点进行总结,如表 3-8 所示。

表 3-8 国内卫星地面融合网络主要项目对比

	卫星、轨道特征	项目特征	研究现状
北斗卫星导航系统	北斗二号 25 颗;北斗三号 35 颗;根据功能的不同,北斗导航卫星的运行轨道主要分为三种:地球静止轨道(GEO)、倾斜地球同步轨道(IGSO)和中圆地球轨道(MEO)	融合了导航与通信能力,具有实时导航、快速定位、精确授时、位置报告和短报文通信服务五大功能	截至 2020 年 3 月 9 日,已成功发射第 54 颗北斗导航卫星
鸿雁工程	324 颗卫星,轨道高度为 1100 km	通信星座,其信号直接供手机使用	鸿雁星座首颗试验星已经发射升空
虹云工程	156 颗卫星,轨道高度为 1000 km	星座没达到互联网天基WiFi 的程度,需要特定设备接收信号后被用户使用	虹云工程首星已经成功发射
天地一体化工程	低轨接入网轨道高度为 $800 \sim 1100$ km	不仅是简单的建设通信卫星,更是一个全面的战略计划	正在进行天基骨干网、天基接入网和地基节点网的建设

第4章　卫星地面融合网络架构

本章将分别对卫星通信系统的网络架构,3GPP卫星地面融合网络演进,卫星地面融合网络架构以及融合网络面临的挑战进行介绍。

4.1　卫星通信系统架构

卫星通信系统主要由集线器、网关、网络控制中心(NCC,Network Control Center)、网络管理中心(NMC,Network Manage Center)等几部分组成,其接口与4G网络接口类似但略有不同。

4.1.1　卫星通信系统组成

如图4-1所示,典型的宽带卫星网络(BSN,Broadband Satellite Network)架构主要包括集线器、网关、NCC、NMC等几个部分。其中,地面段包含多个集线器,这些集线器通过部署有接入网点或网关的专用骨干网互连。

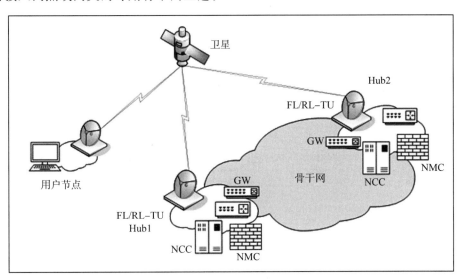

图 4-1　卫星通信系统架构

- 集线器支持一个或多个波束上的双向流量。它集成了前向链路传输单元(FL-TU, Forward Link-Transmit Unit),可通过网关接入地面网络的反向链路接收单元(RL-RU,Return Link-Receive Unit)、网络控制中心(NCC)和网络管理中心(NMC)。FL-TU通过自适应编码和调制(AMC,Adaptive Modulation and Coding)执行例如DVB-S2编码与调制等与基带相关的功能。

- 网关通常是具有强大功能和协议集的全功能 IP 路由器。例如，支持各种路由协议、网络地址转换、访问控制列表（ACL，Access Control List）和防火墙服务、简单网络管理协议（SNMP，Simple Network Management Protocol）、QoS 等。
- NCC 提供控制功能，它通常在前向和回程过程中执行卫星终端（ST）准入控制和资源控制、分配。
- NMC 执行所有管理功能，即网元（ST，集线器）配置以及故障、性能、计费和安全性管理，旨在提高卫星链路上的 TCP 性能，性能增强代理（PEP，Performance Enhancing Proxy）也可以部署在集线器（或放到入网点等靠近用户终端的位置）。

通过卫星通信服务向用户终端成功交付业务过程往往涉及多个现实中的业务参与者，每个参与者又承担着一系列职能职责，因此，在卫星通信系统中包括三个主要运营商。

（1）卫星运营商（SO）：卫星的拥有者，承担其运作，它将卫星容量（物理层）租赁给一个或几个卫星网络运营商（SNO）。

（2）卫星网络运营商（SNO，Satellite Network Operator）：使用一个或多个卫星转发器和卫星集线器来运行宽带卫星网络，它通过划分转发器级别的带宽为第二层运营商提供卫星前向和回程链路。NCC 对带宽共享进行控制，通过 NMC/SNO 为购买的资源提供管理界面。

（3）卫星虚拟网络运营商（SVNO，Satellite Virtual Network Operator）：基于从一个或多个 SNO 订购的卫星链路，它构建并提供可通过卫星访问获得的端到端更高级别的增值服务。

上文讲述了卫星通信网络的架构，结合卫星通信网络的通常的服务，可以将卫星的服务分为两类。卫星可以仅作为接入网，也可以作为接入网及核心网对用户进行服务，如图 4-2 所示。

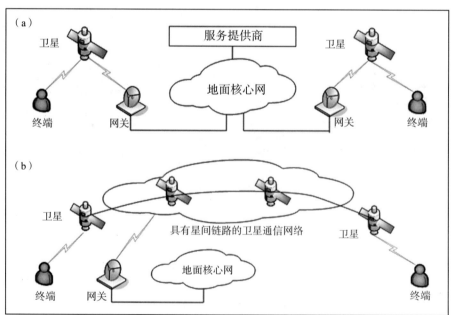

图 4-2　卫星做接入网（a）、接入＋核心网（b）

①卫星仅作为接入网,如图 4-2(a)所示,卫星接收来自用户的信息并转发至网关,通过网关接入作为核心网的地面网络,从而转发给接收端;

②卫星作为接入网及核心网,如图 4-2(b)所示,卫星接收到的用户信息通过星间链路在卫星通信网络中进行传输转发,从而直接或再通过地面核心网(通过网关接入)转发至接收端。

除了依据卫星在通信网络中承担的角色进行分类之外,根据卫星对载荷的承载方式不同,还可以将卫星通信网络架构进行划分:

①图 4-3(a)为透明转发的承载方式,不允许信号在卫星处再生,这种传输方式最大的优势在于可以在地面处选择任意格式的信号结构,故可以适用于新的传输协议。

②图 4-3(b)为具有星上处理能力的承载方式,基于该方式可以构建可操纵波束天线的卫星传输网络,由于卫星具有信号的可再生能力,因此地面天线及发射功率可以更小,这对于移动终端来说具有重要意义。但是这种方式需要选择特定的协议类型,复杂的负载结构需要保证系统具有较高的稳定性。两类承载方式的优缺点对比如表 4-1 所示。

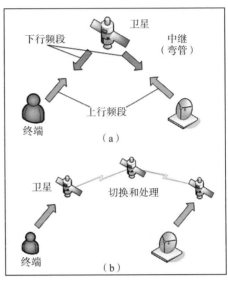

图 4-3　透明转发与星上处理架构图

表 4-1　透明转发与星上处理的承载方式特征对比

	透明转发—图 4.3(a)	星上处理—图 4.3(b)
优点	地面收发端可修改信号结构,不约束已有传输协议,适用性强	卫星处信号具有可再生能力,终端可采用较小的天线和发射功率
缺点	星上信号不可再生,对终端的发射功率要求较高	只适用于既定传输协议,且需要保证系统稳固,不利于更新换代和新技术的应用

4.1.2　卫星通信系统接口

近些年来,地面移动通信经历了 2G 到 4G 的发展历程,2020 年前后,各国陆续实现 5G 的正式商用,建立了成熟的移动通信网络。卫星通信系统与地面移动通信系统具有相似性,故卫星可作为拓展空间的"移动基站",其通信系统可根据地面移动通信网络的组成和架构进行借鉴。

现有卫星通信系统通常采用与地面通信网络架构结合的发展方式,例如,Iridium 通信系统为 3G 地面核心网与 2G 星上处理系统的融合,OneWeb 为 4G 地面核心网与星上透明转发方式结合的模式。从技术发展和国内需求角度考虑,提出一种采用 4G 通信体制的低轨卫星通信网络架构,支持星上再生处理及路由转发功能,在该网络中卫星与地面站联合作为 4G 网络中的 eNodeB 功能模块,地面部分完成 4G 核心网功能。目前,地面移动通信主流为 4G 网络,基于 4G 体制的网络构架设计,卫星通信系统可充分借鉴地面通信网络中成熟的技术,同时易于实现与地面通信网络以及地面 PDN 或 Internet 的互联互通。

地面 4G 网络和采用 4G 通信体制的卫星通信网络的架构及接口分别如图 4-4(a)、图 4-4(b)所示。

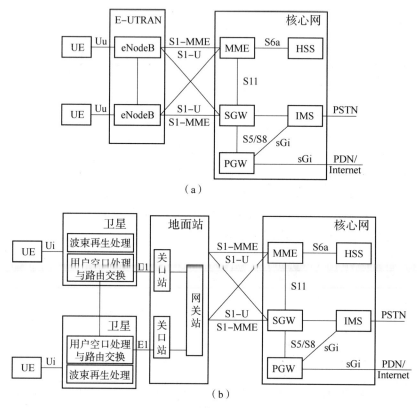

图 4-4　4G 网络和 4G 通信体制的卫星通信网络架构

在 4G 架构中,用户到接入网 E-UTRAN 的接口为 Uu 口,eNodeB 通过 S1-MME 接口与核心网实现控制面交互,用于传送会话管理和移动性管理信息,通过 S1-U 接口实现与核心网的数据面交互。eNodeB 负责与终端间的无线链路的维护,同时负责无线链路数据和 IP 数据之间的相互转换、IP 头的压缩和解压、RRM 等功能。MME 负责承载管理、UE 鉴权及移动性管理。4G 网络核心网包括 HSS、IMS 和 EPC 三大部分,其中,HSS(归属用户服务器)负责归属地与用户管理;EPC 由 MME(移动管理实体)、PCRF(策略与计费管理功能)、SGW(服务网关)、PGW(分组数据网网关)组成,为实现系统移动性管理、业务服务的实体,通过 PGW 实现与 PDN 网络或 Internet 的互联;IMS 为地面标准 IMS 功能,基于 SIP 协议,通过 PSTN/PLMN 可方便地实现与地面移动通信网络的互通。

在相应的卫星通信网络架构中,E-UTRAN 的功能由卫星及其地面站实现,卫星与地面站之间接口为 E1 口。地面 4G 网络和采用 4G 通信体制的卫星通信网络之间的接口映射如表 4-2 所示。

表 4-2 移动通信系统架构接口映射表

序号	系统接口	4G 接口	备注
1	Ui	Uu	通过用户链路承载，与 Uu 口不同
3	MSI	X2	通过星间链路承载
4	EI	无	通过馈电链路承载
5	S1-MME	S1-MME	相同
6	S1-U	S1-U	相同

4.2 3GPP 卫星地面融合网络演进

基于 4.1 节对卫星通信系统和接口的理解，在本节围绕 3GPP 标准化组织中卫星通信系统与地面通信系统融合演进的路径做进一步介绍。

4.2.1 典型架构

根据 3GPP TR 38.811 标准文件中的描述，非地面网络在 5G 中的组网策略（图 4-5）根据接入网架构主要分为以下四类。

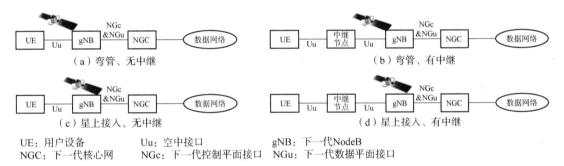

UE：用户设备　　　　Uu：空中接口　　　　gNB：下一代NodeB
NGC：下一代核心网　　NGc：下一代控制平面接口　　NGu：下一代数据平面接口

图 4-5 非地面网络在 5G 中的组网策略（参照 3GPP TR 38.811）

A1：非地面网络作为接入网，卫星通过透明转发方式承载接入地面基站的载荷。终端为用户设备，网关为地面基站，卫星以透传的方式建立起地面基站和用户之间的连接，传递"satellite friendly"的 NR 信号，如图 4-5(a)所示。

A2：非地面网络作为接入网，并且卫星具有全部或者部分 gNB 功能，需要卫星具有足够强的星上处理能力。终端为用户设备，网关为路由器到核心网的接口，卫星承担全部或者部分基站作用，产生/接收"satellite friendly"的 NR 信号，如图 4-5(c)所示。

A3：非地面网络作为服务中继节点的接入网络，卫星通过透明转发方式承载接入地面基站的载荷。终端为中继节点，网关为地面基站，卫星以透传的方式建立起地面基站和中继节点之间的连接，传递"satellite friendly"的 NR 信号，如图 4-5(b)所示。

A4：非地面网络作为接入网，并且卫星具有全部或者部分 gNB 功能，卫星接中继节点，需要卫星具有足够强的星上处理能力。终端为中继节点，网关为路由器到核心网的接口，卫星承担全部或者部分基站作用，以产生/接收来自中继节点"satellite friendly"的 NR 信号，如图 4-5(d)所示。

4.2.2　典型场景

3GPP 中设定了四种非地面网络部署典型场景 D1～D4，分别具有不同的参数设定，概括了常见的几种应用场景，与上一节介绍的四类组网策略对应如下。

（1）场景 D1：同步轨道卫星作为中继节点

依据基于地球同步轨道卫星通信系统的中继节点间接接入方式。支持 eMBB 场景下的多连接、固定蜂窝连接、移动蜂窝连接、网络稳健性、Trunking、EDGE 网络交付、移动蜂窝混合连接、直接到节点多播/广播的用例。地球同步轨道卫星高度为 35786 km，所选通信频率在 Ka 频段，其中上行频率约为 20 GHz，下行频率约为 30 GHz。该场景中地球同步轨道卫星通信系统作为服务中继节点的接入网，并通过弯管式透明转发承载接入地面基站的载荷，对应 A3 类的组网策略。在该场景中，采用作为中继节点的超小孔径终端，通常被固定或安装在移动平台上，实现 100％户外覆盖，移动速度可达 1000 km/h。

（2）场景 D2：同步轨道卫星作为接入网

依据基于地球同步轨道卫星通信系统的直接访问，支持 eMBB 场景下的区域公共安全、广域公共安全、移动广播、广域物联网服务等用例。地球同步轨道卫星高度为 35786 km，所选通信频率在 s 频段，上下行频率约为 2 GHz。该场景中地球同步轨道卫星通信系统作为接入网，并通过弯管式透明转发承载接入地面基站的载荷，对应 A1 类的组网策略。在该场景中，采用满足 3GPP 第三级别的终端类型，实现 100％户外覆盖，移动速度可达 1000 km/h。

（3）场景 D3：非同步轨道卫星作为接入节点并承担部分基站功能

依据基于非地球同步轨道卫星通信系统的直接访问。支持 eMBB 场景下的区域公共安全广域物联网服务的用例。卫星轨道高度在 600 km 左右的非地球同步轨道，所选通信频率在 s 频段，上下行频率约为 2 GHz。该场景中非地球同步轨道卫星通信系统作为接入网，且卫星具有全部或者部分 gNB 功能，对应 A2 类的组网策略。在该场景中，采用满足 3GPP 第三级别的终端类型，实现 100％户外覆盖，移动速度可达 1000 km/h。

（4）场景 D4：非同步轨道卫星作为中继节点并承担部分基站功能

依据基于非地球同步轨道卫星通信系统的直接访问。支持 eMBB 场景下的多归属、固定小区连接、移动小区连接、网络恢复、集群、移动小区混合连接等用例。卫星轨道高度在 600 km 左右的非地球同步轨道，所选通信频率在 Ka 频段，其中上行频率约为 20 GHz，下行频率约为 30 GHz。该场景中非地球同步轨道卫星通信系统作为接入网，并且卫星具有全部或者部分 gNB 功能，对应 A4 类的组网策略。在该场景中，采用作为中继节点的超小孔径终端，通常被固定或安装在移动平台上。实现 100％户外覆盖，移动速度可达 1000 km/h。

4.3　卫星地面融合网络系统架构

天地一体化网络（图 4-6）是 6G 的一个重要方向，其中卫星地面融合网络是天地一体化网络的关键组成，本节首先从宏观角度对天地一体化网络的组成和发展进行介绍，随后重点关注 SDN/NFV、CDN（Content Distribution Network，内容分发网络）、CR（Cognitive Radio，认知无线电）等新兴关键技术在卫星地面融合网络中的融合与应用。

天地一体化网络在地面通信网络的基础上，向空间网络延伸，覆盖海陆空等自然空间，为陆海空等各类用户活动提供信息保障,将人类的网络空间提升到一个新的维度。天地一体化网络采用统一的技术架构、体制和标准规范,按照"天基组网、开放互联、天地一体、技术跨越"的思路构建,主要由互联网、移动通信网和天基信息网三大网络分工协作而成,天地一体化信息网络系统架构如图 4-6 所示。

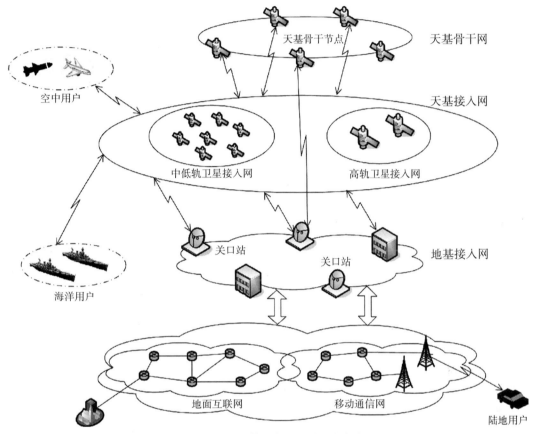

图 4-6　天地一体化信息网络系统架构

其中天基信息网又分为天基接入网、天基骨干网以及地基节点网三部分。地基节点网由地基骨干节点组网而成,通过部署信关站、网络管理、信息处理与存储等功能部分,实现协议转换、网络控制、资源管理等操作;天基接入网由分布在高轨、中轨或低轨的若干卫星节点组网而成,可满足海陆空等多层次海量用户的各种接入需求,形成地球全覆盖、随机接入、按需服务的全面接入网络;天基骨干网由若干同步轨道卫星节点组网而成,实现数据中继、路由交换、文件存储、网络融合等功能。

在发展的过程中,大体出现了三类卫星地面融合网络架构,分别为天基网络、天星地网以及天网地网。首先,以铱星为代表的天基网络,采用星间链路组网的方式,在星上完成处理、交换、网络控制等功能,具有建设维护成本较高、复杂度高、抗毁性高的特点;天星地网是目前普遍采用的一种网络结构,天基卫星之间不组网,卫星互联必须通过地基网络完成,通过全球分布的地面站实现整个系统的全球服务能力,例如 Inmarsat 以及 Intelsat 均采用这种模式,系统灵活度有限,网络资源、通信速率都受到限制,且星上设备比较简单,技术复杂度低,升级维护方便;天网地网则是未来的发展方向,美国"转型卫星"(TSAT)计划采用的便是这种方式,系

41

统实现全球覆盖,地面网络可以不用全球布站,大部分的网络管理和控制功能在地面,整个系统的技术复杂度较低,是适合我国国情的天地一体化信息网络的组网架构。

在地面移动通信还处于 3G/4G 的时代,缺乏重要的技术支撑卫星网络集成到地面网络当中成为其网络切片的一部分。但如今,移动通信发展进入软件定义一切的时代,网络、数据、计算等都可以经过通用的规则和开源的代码来实现。以 SDN/NFV 为主的虚拟化技术将深刻影响卫星网络的发展趋势,这同时也对卫星本身的发展带来了巨大的影响,卫星将变成空中基站的一部分。扁平化的管理,使卫星网络无论作为一种信息管道或是射频前端、处理节点,从整体架构上都可以与地面网络建设深度融合。并在网络功能虚拟化和软件定义的基础上,结合 CDN、CR 等技术进行高效的缓存资源、频谱资源调度与分配,实现卫星网络、地面网络的高效融合。SDN/NFV、CDN、CR 技术对比如表 4-3 所示。

表 4-3　SDN/NFV、CDN、CR 技术对比

	定义/架构	在融合网络中的应用
SDN/NFV	SDN 具有三层体系结构:控制层、应用层、基础设施层;NFV 体系架构主要包括:NFV 基础设施 NFVI、虚拟网络功能 VNF、NFV 管理和编排 MANO 3 个主要核心工作域	在卫星地面融合网络中,可以通过 NFV 技术,构建星地融合的分布式网络功能虚拟化平台。SDN 架构的灵活感知、控制特性使其在卫星地面融合网络中的多链路协作传输的场景中可以扮演重要角色
CDN	分布在互联网上的网络元素协作组,目的是支持在多个镜像服务器/高速缓存内容复制	①利用卫星的多播并结合单播技术进行内容交付;②利用卫星和地面网络的多链路协作传输直接从业务源支付至用户
CR	通过动态频谱接入提高无线频谱利用率的智能技术	认知无线电网络(CRN)CR 节点的基本功能是频谱感测,其目的是检测所述 PU(主用户)的存在,以及可用的未被占用的光谱带

4.3.1　基于 SDN / NFV 的卫星地面融合网络架构

1. SDN、NFV 经典架构

(1) 软件定义网络 SDN 是一种用于网络可编程性和管理的新方法,其核心理念是将网络设备的控制面与数据面进行分离,实现对网络流量的灵活控制,使得网络变得更加智能。SDN 架构如图 4-7 所示,划分为三层体系结构:控制层、应用层和基础设施层。

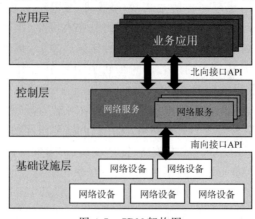

图 4-7　SDN 架构图

①控制层:是 SDN 控制器管理网络的基础设施,以获取和维护不同类型的网络状态、拓扑细节、统计等信息。网络供应商和开源社区在自己的 SDN 控制器中实现服务,并向应用层公开 API 接口。

②基础设施层:由各类网络设备构成,例如数据中心的网络交换机和路由器,底层物理网络由控制层进行控制管理。

③应用层:该层对于开发者来说是开放区域,例如网络的可视化:拓扑结构、网络状态、网络统计等。SDN 应用程序可以为企业和数据中心网络提供各种端到端的解决方案。

以上三层体系不同层之间通过以下两种接口进行通信。

①北向接口:应用层与控制层的通信接口,目前缺少业界公认的标准。实现方案思路有从用户、运营商、产品能力等角度出发。技术风格上,倾向于为现有设备提供编程接口供业务 App 调用。

②南向接口:基础设施层与控制层的通信接口。目前主要的协议有 OpenFlow、NetConf、OVSDB。OpenFlow 协议实际上是国际行业标准,其开放性突破了传统网络设备厂商各自为政形成的设备能力接口壁垒。

SDN 开辟了新的机遇,简化了网络管理,并允许自动定制的按需联网以及最佳的网络资源利用率。

(2) NFV 的架构:网络功能虚拟化是指通过通用的计算、存储、网络硬件平台和虚拟化技术,实现软硬件解耦合功能抽象,以软件方式实现虚拟网络功能(VNF,Virtual Network Function),从而降低专用通信网络设备成本,提高系统灵活性、可靠性。NFV 使网络设备功能不再依赖于硬件,实现资源灵活共享,新网络功能和新业务快速开发,基于 NFV 的通信网络动态切片和功能组合对于未来网络具有重要意义。

ETSI 标准组织提出的 NFV 架构,如图 4-8 所示。NFV 体系架构主要包括:NFV 基础设施(NFV Infrastructure,NFVI)、虚拟网络功能(VNF,Virtualized Network Function)、NFV 管理和编排(NFV Management and orchestration)3 个主要核心工作域,各主要功能模块的具体说明如下。

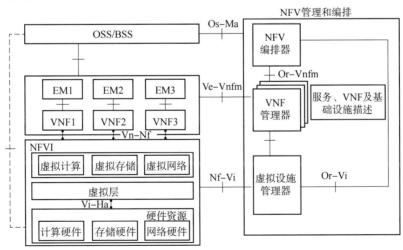

图 4-8　NFV 架构图

①NFVI：为 VNF 的部署、管理和执行提供资源池，将物理计算、存储、交换资源虚拟化成虚拟的计算、存储、交换资源池，可以跨地域部署。

②VNF 和 EM：VNF 实现传统非云化电信网元的功能，所需资源需要分解为虚拟的计算/存储/交换资源，由 NFVI 来承载。EM（Element Management，网元管理）实现 VNF 的管理，如配置、告警、性能分析等功能。

③NFV 管理和编排系统：其中，NFVO 负责全网的网络服务、物理/虚拟资源和策略的编排维护以及其他虚拟化系统相关维护管理功能，实现网络服务生命周期的管理；VNFM 实现 VNF 的生命周期管理；VIM 负责基础设施层硬件资源、虚拟化资源的管理，监控和故障上报，面向上层 VNFM 和 NFVO 提供虚拟化资源池。

OSS/BSS 为运营商运营支撑系统，OSS 为传统的网络管理系统；BSS 为传统的业务支撑系统，包括计费、结算、账务、客服、营业等功能。软件定义网络和网络功能虚拟化是近年来为应对异构多域网络和多租户对应用服务提出的关键技术，可在异构环境下对全网设备进行全局优化的统一管理和动态配置，以实现灵活高效的资源分配与协同。将其应用到卫星地面融合网络中，可极大提高融合网络的管理能力、协同水平和服务质量。

2. SDN、NFV 与融合网络

为实现卫星地面链路的协作传输，系统架构应具备对所承载数据流进行细粒度控制的能力。其中，通过最佳的链路资源分配进行数据流传输至关重要，路由策略应与已部署的应用程序进行无缝衔接。如今，可以通过各种技术的复杂结合实现以上控制，例如基于策略的路由 PBR、多链路协议 MLPPP、SCTP 和流量识别机制等。但是，这些技术无法为在不同链路上分派的数据流提供细粒度的控制级别，而静态的转发规则会导致动态性的缺乏，不能适应链路状态和应用数据流的不断变化。近些年来 SDN、NFV 架构的发展引起了广泛关注，这两种技术的特性决定了它们在卫星地面网络融合中具有重要意义。

在卫星地面融合网络中，可以通过 NFV 技术，构建星地融合的分布式网络功能虚拟化平台。基于该平台构建星地融合网络所需的各类网络设备，通过软件的方式实现网络设备功能的灵活部署，通过标准化接口实现设备间的高效协同。突发事件发生时，通过 NFV 的动态资源调度功能和虚拟化提供的高度可靠性和自愈特征，保证网络设备的可靠运行和应急服务。另外，通过基于 NFV 的网络规划和动态分片，在天地一体化网络中可以为不同类型的业务、不同的用户提供个性化的虚拟化网络视图。

SDN 架构的灵活感知、控制特性使其在卫星地面融合网络中的多链路协作传输的场景中可以扮演重要角色。首先，SDN 架构可以实现当前协议和技术无法有效实现的控制级别。其次，由于数据包转发是基于数据包报头上的匹配规则决定的，因此可以在第 3 层或更低层实现运行异构网络之间的聚合。

NFV 技术是实现星地融合网络资源灵活分配的基石，而 SDN 技术在此基础上提供细粒度的监测控制。在实际网络中，NFV 在各个网络节点部署通用的计算、存储、网络硬件资源，包括地面和卫星通信网络资源，利用 NFV 管理模块的资源管理和分配功能，虚拟化出各类网络设备，包括 SDN 交换机、SDN 控制器、SDN 信关站、MEC-cache、MEC 基于位置服务 MEC-LBS 等，各类分布在地面和卫星网络中的 SDN 使能的网络设备实现全局信息获取、策略制定和控制实现。

图 4-9 给出一个基于 SDN 的卫星/ADSL 异构网络融合的示例。

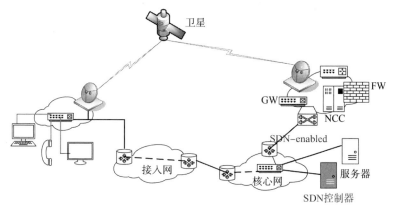

图 4-9　基于 SDN 的卫星/ADSL 异构网络架构

ADSL 为一种典型的地面通信类型,其基于 SDN 实现与卫星通信网络的融合具有典型代表意义,图 4-9 给出了 ADSL 和卫星网络融合的整体架构。全球网络提供商(NP)同时运营以上两个接入网,在这种场景下,网络运营商会在其网络基础架构内以及用户/房屋内部署支持 SDN 的设备,即家庭网关具有 SDN 功能,并在网络运营商托管的 SDN 控制器的监督下运行。由于 SDN 控制器上运行有网络应用程序,因此可以在前向或回程链路传输过程中实现数据流的分割与调度。在卫星与 ADSL 协作传输场景中,SDN 架构的灵活数据包转发能力可服务于各类场景。例如,为了满足 VoIP 的服务质量需求,可以将低延迟链路 ADSL 临时动态地分配给语音数据包,而将其他所有通过 ADSL 传输的数据重新定向到卫星链接。

为实现卫星与 ADSL 网络融合,SDN 的控制过程中需要动态获取以下信息。

①数据流鉴定:为了进行有效的流调度,控制应用程序需要基于 IP 地址、端口号、TOS 参数等来识别数据流。可借助 OpenFlow 规则表达式实现。

②链路状态鉴定:卫星链路和 ADSL 链路具有很大的差异性,控制应用程序需要动态监测各链路的延迟、可用带宽等状态信息,以优化数据流分配。OpenFlow 1.3 版引入了计量表,可以收集每个交换机端口甚至每个数据流的统计信息。

③动态转发规则获取与更新:控制应用程序需要对链路状态信息的改变做出反应,并生成、部署合适的转发规则或更新已建立的规则。

SDN 可以有效简化卫星地面融合网络体系结构,使新型的服务、应用成为可能。由于已经可以购买到具有 SDN 功能的交换机(例如与 OpenFlow 兼容的交换机),这种用例可以成为现实,但是,需要开发异构应用并设计有效的融合策略。

4.3.2　基于 CDN 的卫星地面融合网络架构

1. 内容分发网络架构

CDN 是一组在地理位置上呈分布状态的服务器构成的覆盖网络,在这种分布式布局结构下,服务器更靠近用户,可以提供高速的内容交付服务,内容交付质量,并降低原服务器上的负载,也可以实现内容的预取,以提高内容的可用性并减少等待的时间。目前已经有科学研究和工程实践证实了 CDN 缓存多媒体内容(文本、音频、图像、动画、视频和互动内容)确实可以达到节省带宽,提高网络的整体性能的效果。

CDN是分布在互联网上的网络元素协作组，目的是支持在多个镜像服务器/高速缓存上内容复制。通过使用高通量卫星（HTS，High Throughput Satellite,）平台支持卫星辅助缓存服务。HTS每比特消耗成本的降低对卫星分发业务带来了机会。将卫星融合CDN服务中，需要明确并解决以下问题：

（1）所属卫星运营商的空间段选择；

（2）传输段的识别，即地面站允许广播的传输模式并为地面网络提供互联服务；

（3）hub技术的定义（限制了终端的选择）；

（4）确定最适合卫星网络的设置以满足服务需求（信道、启用服务等）；

（5）在卫星域基于IP的服务管理。

2. CDN与融合网络

上文中对CDN在卫星通信网络中的作用进行了分析，接下来将考虑卫星地面融合网络中CDN带来的机遇和新的挑战。

通过卫星地面融合网络的服务潜力，为全球用户提供多媒体内容服务和上下文感知的内容交付。然而，由于卫星网络和地面移动网络中采用的不同技术，可能导致在用户感知服务质量和资源利用上产生显著的影响。例如，通过卫星为用户提供环境感知的电视节目，采用单播的方式开销较大，卫星的广播或者多播服务才可以提供较高的效用，而地面移动网络提供单播的内容交付具有更好的效果。

图4-10为基于CDN的卫星地面融合网络的典型架构，其中关键部分为一组位于地面的卫星代理服务器，周期的向中心站发送从本地客户端收集到的请求。中心站通常起到管理的作用，计算近期用户需求结果，再通过卫星广播或多播至各代理服务器，完成本轮的内容推送。

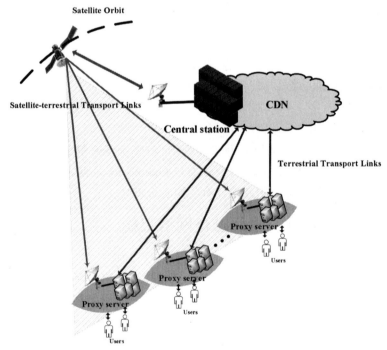

图 4-10　基于 CDN 的卫星地面融合网络的典型架构

CDN 旨在尽可能地将内容推送离用户更近的位置,如何结合卫星地面融合网络的特点,将需要的缓存内容高效地分发至代理服务器以及如何缓存,成为基于 CDN 卫星地面网络面临的关键问题。由于大范围内的用户请求通常指向某几个热点内容,利用这一特点,通过卫星进行广播或组播是提高传输效率的有效方式,考虑到卫星的组播能力,基于 CDN 的网络架构利用流传输技术,例如 MPEG-DASH,可以充分结合缓存和边缘分布网络以提高网络性能。

基于 CDN 的卫星地面融合网络大多可以分类为:①利用卫星的多播并结合单播技术进行内容交付;②利用卫星和地面网络的多链路协作传输直接从业务源交付至用户。在学术界重点关注的是卫星和地面多路径传输中的智能路由选择问题,高效的路由选择可以有效提高用户体验的质量。在星地融合网络中,CDN 可以通过获知请求的内容大小辅助决策的制定与实施,从而最大限度提高用户体验的质量。

4.3.3 基于 CR 的卫星地面融合网络架构

1. 认知无线电技术

认知无线电是通过动态频谱接入提高无线频谱利用率的智能技术。当信道状态和频谱资源动态地改变时,认知无线电技术可以改善用户在宽带卫星网络中的接入情况。CR 技术的本质思想是通过频谱感知技术实现快速响应。其中,协作通信是一个有利于提高通信质量的多元化技术,协作通信借助于通过协作传输的中继节点,为系统带来了多样性收益。

从轨道及链路特性角度来看,卫星通信具有以下特点。

(1) 稳定的运行轨道:传输链路是在时间和通信覆盖方面具有可预见性,但同时具有较强的移动特性。

(2) 上行和下行链路:在卫星地面融合网络中可以通过中继改善上行和下行链路质量,提高信号检测的效率。

(3) 不同的轨道分布:针对不同的任务或服务的卫星有不同的速度和覆盖范围,节点之间的通信链路会频繁地连接或断开。

基于无缝覆盖的卫星地面融合网络目标,网络架构空间段分为三层:骨干传输层、接入层和感知层。通信系统中卫星、飞行器须在不同的高度,形成一个多层次结构空间网络架构,以充分利用卫星不同高度轨道的特性。基于前面的分析和研究,未来宽带卫星通信系统面临如下一些主要挑战。

(1) MEO 和 LEO 卫星的配置:MEO 和 LEO 卫星,在以空间为基础的网络中用作活性节点的位置,其信道、频谱资源、节点高度各方面在动态环境中不断地改变。确保这些高度动态节点公平接入卫星网络与快速反应十分重要。这意味着所有的动态卫星节点应该迅速做出反应,以获得在适当的时间访问骨干网。

(2) 频谱资源的要求:目前的卫星地面融合网络通信系统需要越来越多的频谱资源来满足更大的带宽,更高的速度和更好的 QoS 的要求。

(3) 接收信息时延:卫星系统电力和带宽有限,且受到不同的传输延迟。跨层模式的目的是优化所有端至端卫星链路,以努力在一个更公平的方式分配资源。

优化的解决方案要求解决以下问题。

（1）实现更高效的频谱利用率。由于用户的数量呈指数增加趋势，为达到此目的，需要创新的优化融合技术，以便更好地利用有限的频谱资源实现更高效的频谱利用率。

（2）干扰缓解能力：数据速率越高，传输信号的符号周期越短。因此，在传输过程中被中断的可能性被降低。可以考虑干扰减轻或抗干扰等技术。

（3）空间信道的复杂特点：在高频段和毫米波频段衰落十分严重，尤其是在通信节点具有高流动性的情况下。卫星通信通常依赖于视线（LOS）链路，容易出现频率选择性衰落，可能会导致信号传输中的严重问题。

2. CR 与融合网络

上节针对卫星通信的特点，介绍了卫星通信网络中应用 CR 技术带来的用户接入改善的效果，本节给出了卫星地面融合网络中应用 CR 技术的示例。

为实现全球无缝覆盖，选用三个地球同步轨道卫星作为空间段骨干网，地面网络选用 3G/4G 网络。将协作技术和认知无线电技术应用于卫星地面融合网络中，网络架构如图 4-11 所示，图中给出了卫星地面融合网络中协作通信的一些典型用例。其中，LCSS、LCST 分别为认知星间链路和认知卫星地面链路，LPT 为主要的地面链路，LIT 代表干扰链路。

由于卫星远离地球，信关站可以检测主用户（PU，Primary user）并将检测结果发回给卫星。信关站和所述卫星之间的路径可被遮蔽，并受到严重的多径衰落，从而导致感测性能显著降低。如图 4-11 所示，协作频谱感测能够通过在多个信关站启用用于 PU 协作感知，以改善信关站的检测性能。

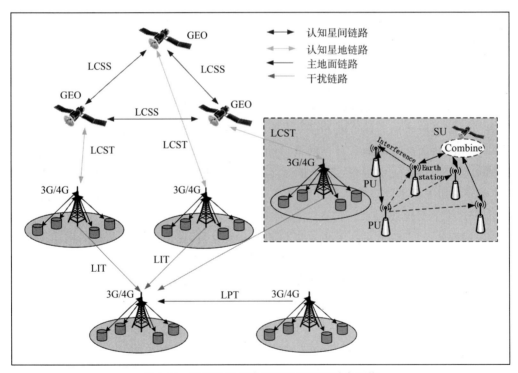

图 4-11　基于认知无线电的卫星地面融合网络

在协作频谱感知中,每个信关站通过能量检测测出 PU 的发射信号,然后报告其本地检测结果到卫星,卫星接收并处理来自所有协作地面站的感测信息。该卫星将根据所有接收到的检测结果做出关于 PU 状态的最终决定,再播最终决定回到地球上所有站。

认知无线电网络(CRN,Cognitive Radio Network)CR 节点的基本功能是频谱感测,其目的是检测所述 PU,可用的是未被占用的频带的存在。在 CRN 中,通过融合中心(FC)做出最终的决定可能受到恶意用户(MUs,Malicious Users)上传虚假检测结果的影响。

4.4　卫星地面融合网络面临的问题与挑战

除了 4.3 节中提到的各种新兴技术融合带来的挑战之外,卫星地面融合网络还面临着异构网络管理、高延时以及安全等方面的挑战。

4.4.1　异构网络管理

在卫星地面网络的融合过程中,各网络采用不同的通信协议,并且包括大量不同配置和控制的接口,使得集成网络中对于广阔设备的管理十分复杂。需要新的技术来解决这一具有挑战性的问题,包括移动节点管理、协同传输控制等。

移动节点的相对性:由于不同网络的密集部署增加了网络状态的复杂性,融合网络交叉段的切换速率和切换失败率比在地面通信网络高很多,这种情况需要更为高效的移动性管理机制。融合网络中的频繁切换不仅增加了信令开销,同时也降低了用户体验。为解决这一问题,建模节点的运动十分重要。在星地融合网络中,节点不均匀分布、高速移动和网段间干扰增加了挑战难度。

协同传输控制:融合网络中的协作传输不仅允许各通信系统动态共享无线网络资源,而且还进行移动节点的分布式协作,以提高资源利用率和传输容量,故需要设计各网络协作网络传输控制策略,提高综合通信系统的可扩展性和重新配置能力。目前,最常见的方法是多点协作(CoMP,Coordinated Multiple Points Transmission/Reception),通过协调各基站避免干扰。采用这样的方法需要对基站协作的最大距离及同步成本加以考虑。

SDN/NFV 对于融合网络中的管理带来了很大的灵活性和智能性。此时,控制器的放置位置是一个新的问题。在星地融合网络中,部署 SDN 的设备应同时分布在地面和卫星网络中,同时控制器放置必须同时考虑到卫星网关的位置。

4.4.2　卫星网络的高延时

不同于地面通信系统,高延迟对卫星网络的 QoS 有关键影响。以传播时延为例,地球同步轨道卫星 GEO 卫星轨道高度为 35786 km,无线电信号传输到地面站大约需要 125 ms。中轨、低轨卫星的传播时延由轨道高度决定,每增加 1000 km 卫星高度将增加约 20 ms 的单向延迟,同时由于卫星的高动态特性,传播时延根据卫星的移动而不断变化。

对于不同轨道高度卫星传播时延的特性,目前通常采用以下解决方案,但同时也带来一些新的问题。

(1)地球同步轨道卫星:由于传输距离造成的固定传播时延无法消除,在互联网通信中专门设计了 TCP 增强算法,以缩短往返时间并且有效缓解了由于时延造成的 TCP 吞吐量降低问题。这种方法是通过分割卫星调制解调器和地面站之间的端到端连接实现的,并且各段允许开发不同的技术进行性能优化,但这种方法同时将带来网络层的安全问题。

（2）低轨、中轨卫星:低轨、中轨卫星没有固定的位置,地面站不能与特定的卫星维持恒定连接。卫星通信网络中,存在流量分布不均的问题,链路资源没有得以充分利用,造成排队时延的显著增加,从而影响网络的服务质量。目前已提出一些基于多路径转发策略的路由算法,利用多条链路协作转发同一数据流的数据包。但这种方法同样需要解决网络状态的实时获取问题。

（3）在星地融合网络中充分利用缓存技术,通过在网络边缘缓存热门内容可有效降低高传播时延带来的影响。除此之外,未来的卫星通信系统有望搭载 OBP（On-board Processing）,将地面站的部分通信和网络功能转移至卫星可移除不必要的往返控制信号带来的延迟,以提高网络性能。

4.4.3　安全问题

星地融合网络集成了各类军事以及民用应用系统,需要确保大量的敏感数据和资源的安全性、可靠性、实时性。然而,由于开放的电磁环境、移动节点、动态拓扑结构以及多样的协同算法融合,很难做到利用卫星地面融合网络提供高安全级别的通信,以有效地抵抗干扰、消息篡改、恶意攻击和其他安全问题,需要解决的安全问题主要包括以下三个方面。

（1）IP 协议安全:在卫星地面融合网络通信中,在传输层或 IP 层协议引入其他技术来改善整体网络性能,例如,通过 TCP 增强协议提高 TCP 性能,端到端连接的分割使得通信系统很容易遭受窥探和欺骗。此外,PEP 机制和 IPSec 协议的耦合以及基于 IPSec 协议实现适配的切换、安全路由等问题都亟待解决。

（2）链路安全:对于 MEO 和 GEO 卫星,通过加密操作添加的延迟可能会妨碍在融合网络的实时通信特性。为缓解该问题,数据流可以在单个卫星或地面链路进行加密,可以满足安全要求。此外,根据通信的安全性要求,进行不同级别的安全保护。

（3）干扰:星地融合网络包含各类型的无线链路,各链路之间容易受到干扰。由于融合网络的广域特性,很难找到有效的抗干扰方法,需要结合工程实践设计高效的抑制干扰策略。

4.5　小　结

本章从卫星通信系统的网络架构出发,介绍了 3GPP 中的卫星地面融合网络演进、卫星地面融合网络架构,介绍了融合网络中几种具有前景的新兴技术,给出前沿研究中的应用探索和需要解决的问题,带来更多的思考。最后,总结了卫星地面融合网络面临的挑战。

第5章 卫星地面融合网络星地链路特征

本章节主要介绍了卫星地面融合网络中星地链路特征,其中包括星地融合网络信道的模型与特征,多普勒频移与时延。同时,本章也会介绍和讨论卫星地面融合网络的典型场景链路特征。

5.1 星地融合网络信道模型与特征

本节将对星地融合网络的天线模型、路径损耗、阴影衰落以及其他衰落特征进行介绍。

5.1.1 卫星点波束天线辐射特性

通信卫星天线的发展,经历了从简单天线(标准圆或椭圆波束)、赋形无线(多馈源波束赋形和反射器赋形)到为支持个人移动通信而研制的多波束成形大天线。多波束天线技术是卫星通信系统中的关键技术,具有如下优点:可以使波束空间隔离和极化隔离,实现多重频率复用,加大可用带宽,增加通信容量,大大地提高卫星向地球的辐射通量密度(EIRP),使地面用户可以采用较小口径的接收天线,从而大大降低系统成本和通信成本。

多波束天线一般是利用同一口径面同时产生多个不同指向的点波束,或者是在每个点波束使用独立的天线结构的基础上通过设置多个不同指向的点波束来实现的。点波束天线主要由主瓣和旁瓣构成,主瓣辐射特性主要由整个三维空间中天线的增益分布决定。天线增益是指给定方向上天线每单位角度功率辐射密度与馈送相同功率的全向天线每单位角度上功率辐射密度的比值,在辐射值最大的方向上增益最大。

单波束天线的归一化辐射特性可以建模为如下公式:

$$1 = \begin{cases} \dfrac{2J_1(ka\sin\theta)}{ka\sin\theta}, & \theta \neq 0 \\ 1, & \theta = 0 \end{cases} \tag{5-1}$$

式中,1表示天线模型的归一化模式,$J_1(x)$ 为第一类贝塞尔函数,参数 x 是一阶,a 表示天线圆孔的半径,$k = 2\dfrac{\pi f}{c}$ 表示波数,f 为工作频率,c 表示真空中的光速,θ 表示从天线主波束的瞄准镜测得的角度。

5.1.2 路径损耗和阴影衰落

卫星与非地面网络(Non Terrestrial Network)终端之间的信号路径经历了多个阶段的传播和衰减。路径损耗(PL)由四个部分组成:

$$PL = PL_b + PL_g + PL_s + PL_e \tag{5-2}$$

51

各符号含义如表 5-1 所示。

表 5-1　路径损耗符号及含义

路径损耗符号	路径损耗含义
PL	总路径损耗
PL_b	基本传播路径损耗
PL_g	由于大气气体引起的衰减
PL_s	电离层或对流层闪烁引起的衰减
PL_e	穿透建筑物时的损耗

星地融合网络的基本路径损耗 PL_b 主要受传输距离 d（以米为单位）和频率 f_c（GHz）等因素影响，主要体现为信号的自由空间传播损耗（FSPL，Free Space Path Loss）、杂波损耗（CL，Clutter Loss）和阴影衰落（SF，Shadow Fading），可表示为

$$PL_b = FSPL(d, f_c) + SF + CL(\alpha, f_c) \tag{5-3}$$

（1）自由空间路径损耗（FSPL，Free-Space Path Loss）

自由空间路径损耗表达式为

$$FSPL(d, f_c) = 32.45 + 20 \log_{10}(f_c) + 20 \log_{10}(d) \, dB \tag{5-4}$$

式中，距离 d 是地面终端到卫星的直线距离，如图 5-1 所示，可通过卫星的高度 h_0 和仰角 α 确定。仰角是指地平线与卫星之间的夹角，由此，距离 d 表示为

$$d = \sqrt{R_E^2 \sin^2 \alpha + h_0^2 + 2h_0 R_E} - R_E \sin \alpha \tag{5-5}$$

式中，R_E 表示地球半径，h_0 表示卫星到地面的距离。

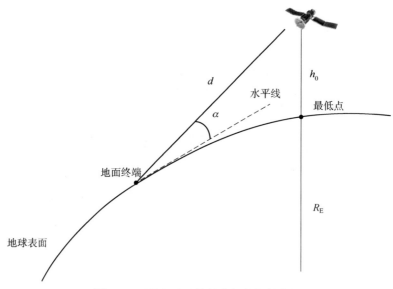

图 5-1　卫星和地面终端之间的倾斜范围

（2）杂波损耗（CL，Clutter Loss）

杂波损耗主要模拟周围的建筑物和地面上的物体引起的信号功率衰减，其损耗取决于

仰角 α，载波频率 f_c 和环境。当 UE 处于 LOS 状态时，杂波损耗可以忽略不计，在基本路径损耗模型中应将其设置为 0 dB。当 UE 处于 NLOS 状态时，杂波损耗参考表 5-2～表 5-4 中不同场景对应仰角的损耗值。

（3）阴影衰落损耗（SF，Shadow Fading）

移动台在移动过程中，由于大型障碍物体的存在，电波的传输路径受到了阻挡，在接收区域上产生了半盲区，引起了接收点的场强中值起伏变化，从而产生阴影衰落。阴影衰落（SF）可以建模均值为 0，标准差为 σ_{SF}^2 的对数正态分布，单位是分贝（dB）。由正态分布生成的随机数来表示，例如：$SF \sim N(0, \sigma_{SF}^2)$。

表 5-2～表 5-4 中给出了 σ_{SF}^2 和 CL 值在不同情况下的参考仰角。用户在特定情况下应采用与最接近其仰角 α 的参考角相对应的值。

表 5-2　密集城市场景下的阴影衰落和杂波损失

仰角	S 频段			Ka 频段		
	LOS	NLOS		LOS	NLOS	
	σ_{SF}(dB)	σ_{SF}(dB)	CL(dB)	σ_{SF}(dB)	σ_{SF}(dB)	CL(dB)
10°	3.5	15.5	34.3	2.9	17.1	44.3
20°	3.4	13.9	30.9	2.4	17.1	39.9
30°	2.9	12.4	29.0	2.7	15.6	37.5
40°	3.0	11.7	27.7	2.4	14.6	35.8
50°	3.1	10.6	26.8	2.4	14.2	34.6
60°	2.7	10.5	26.2	2.7	12.6	33.8
70°	2.5	10.1	25.8	2.6	12.1	33.3
80°	2.3	9.2	25.5	2.8	12.3	33.0
90°	1.2	9.2	25.5	0.6	12.3	32.9

表 5-3　城市场景下的阴影衰落和杂波损失

仰角	S 频段			Ka 频段		
	LOS	NLOS		LOS	NLOS	
	σ_{SF}(dB)	σ_{SF}(dB)	CL(dB)	σ_{SF}(dB)	σ_{SF}(dB)	CL(dB)
10°	4	6	34.3	4	6	44.3
20°	4	6	30.9	4	6	39.9
30°	4	6	29.0	4	6	37.5
40°	4	6	27.7	4	6	35.8
50°	4	6	26.8	4	6	34.6
60°	4	6	26.2	4	6	33.8
70°	4	6	25.8	4	6	33.3
80°	4	6	25.5	4	6	33.0
90°	4	6	25.5	4	6	32.9

表 5-4　郊区和乡村场景下的阴影衰落和杂波损失

仰角	S 频段			Ka 频段		
	LOS	NLOS		LOS	NLOS	
	σ_{SF}(dB)	σ_{SF}(dB)	CL(dB)	σ_{SF}(dB)	σ_{SF}(dB)	CL(dB)
10°	1.79	8.93	19.52	1.9	10.7	29.5
20°	1.14	9.08	18.17	1.6	10.0	24.6
30°	1.14	8.78	18.42	1.9	11.2	21.9
40°	0.92	10.25	18.28	2.3	11.6	20.0
50°	1.42	10.56	18.63	2.7	11.8	18.7
60°	1.56	10.74	17.68	3.1	10.8	17.8
70°	0.85	10.17	16.50	3.0	10.8	17.2
80°	0.72	11.52	16.30	3.6	10.8	16.9
90°	0.72	11.52	16.30	0.4	10.8	16.8

5.1.3　其他衰落特征

1. 室内外穿透损耗

对于室内信关站，必须考虑到站与相邻室外路径之间的额外损耗。该损耗随建筑物的位置和施工细节的不同而有很大差异，因此需要进行统计评估。实验结果表明，就穿透损耗而言，建筑物分为两个不同的群体：采用"现代"热效率高的建筑材料的（金属化玻璃、铝箔背板）建筑物的穿透损耗通常比没有这种材料的"传统"建筑物要高得多。"现代"和"传统"的分类纯粹是指建筑材料的热效率，而与建筑年份和类型（单层或多层）等无关。

建筑物穿透损耗，重要的是要考虑整个建筑物的热效率（或整体热效率）。隔热效果差的高主结构（例如单层薄玻璃窗）会使建筑物隔热效率低，反之亦然。

2. 大气损耗衰减

大气损耗衰减主要取决于频率、仰角、海拔高度和水蒸气密度（绝对湿度），水蒸气具有吸收效应。在低于 10 GHz 的频率下，大气损耗通常可以忽略不计。标准 38.821 中参考了 ITU-R P835 中提出的大气损耗建模方法，在该模型中所有用户高度为 0，温度、干气压、水蒸气密度和水蒸气分压对应于全球年平均参考大气，具体计算公式如下：

$$\mathrm{PL_A}(\alpha, f) = \frac{A_{\mathrm{zenith}}(f)}{\sin(\alpha)} \tag{5-6}$$

式中，α 为仰角，f 为频率，$A_{\mathrm{zenith}}(f)$ 为与频率相关的天顶方向衰减，具体数值参照 ITU-R P.676。

3. 雨云衰减

雨云衰减是指电波进入雨层和云层中引起的衰减，它包括吸收和散射引起的衰减，对于低于 6 GHz 的频率，雨和云衰减可以忽略不计。在系统级仿真中一般仅考虑晴朗的天气条件，或者使用雨云衰减模型。

4. 闪烁损耗

接收信号幅度和相位的快速波动称为闪烁，对于不同频带，电离层和对流层可能会影响卫星链路，产生闪烁损耗。为了简便，一般只研究低于 6 GHz 的电离层传播现象和 6 GHz 以上的对流层闪烁。电离层闪烁取决于位置、一天中的时间、季节、太阳和地磁活动。与电离层闪烁不同,对流层闪烁的影响会随着信号载波频率的增加而增加,此外对流层闪烁还与仰角有关。

5.2 多普勒频移与时延

本节主要介绍了多普勒频移和时延的情况,并提出了地球静止卫星和非对地静止卫星这两种典型场景。

5.2.1 多普勒频移

多普勒频移是指由于接收方或输出方或者两者同时在不断地移动,导致传播距离不断发生变化,从而造成信号频率发生变化。以声波为例,声源在离观察者较近时频率会变高,观察者听到的声音也会更响,而离观察者较远时频率会变低,观察者听到的声音也会更小。

在一段时间内,多普勒频移在不断发生变化,这就是多普勒变化速率或者简称多普勒速率。由于非静止轨道卫星相对于地面高速移动,故非静止轨道卫星与地面网络进行通信时,信号会受到多普勒效应的影响。具体来说,多普勒频移取决于空间或飞行器平台的相对速度,用户设备的速度以及载频。

多普勒频移的计算公式为

$$\Delta F = \frac{F_0 V}{c} \cdot \cos \theta \tag{5-7}$$

式中:

表 5-5 多普勒频移符号及含义

符号	含义
F_0	标准载频
V	用户设备的速度
θ	移动设备的速度向量 v 与用户设备和飞行器之间信号传播方向的夹角

当发射机正远离接收机方向移动时,ΔF 为负数;当发射机正朝向接收机方向移动时,ΔF 为正数。在一段时间内,多普勒频移变量与多普勒频移的变化相关。换句话说,它代表着时间的多普勒频移函数的导数。

图 5-2 为星地融合网络中典型多普勒效应示意图。卫星上收到信号的载频受地面用户的影响,用户设备从卫星上收到的信号会产生多普勒效应。因为卫星和用户设备相对地球都在移动,因此它们各自的产生的多普勒效应也会进行代数叠加。

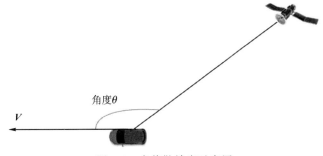

角度θ

V

图 5-2 多普勒效应示意图

本节推荐一种非相对论的方法来计算多普勒频移和多普勒变化速率,假设发射器或接收器的相对速度与光速之间的比率可以忽略不计:例如,对于一个速度为 1000 km/h(或 0.277 km/s)的终端来说,速度与光速的比率为 0.277/300000＝0.00009。而对于一个相对速度为 7.5 km/s 的非地卫星来说,其比率为 0.000025。

5.2.2　时延

在星地融合网络中,时延是普遍存在的,一般将其分为两种:传输时延和差分时延。下面将介绍一下这两种时延。

1. 传输时延

将单向传输时延视为时延,以下行数据为例,根据星上负载类型不同,传输时延的产生存在两种情况。一种情况是从核心网网关途经空中平台(弯管卫星)到达用户设备,另一种是从直接空中或飞行器平台(再生负载)到用户设备如图 5-3、图 5-4 所示。而往返时间 (RRT,Round Trip Time)则对应着双向传输时延:从网关途经空中平台到达用户设备(弯管负载)并返回,以及从空中或飞行器平台到用户设备并返回。

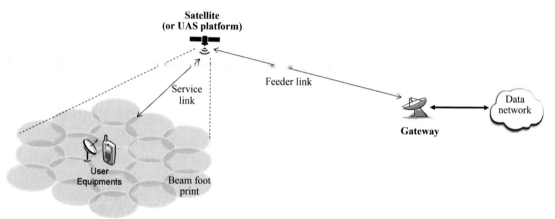

图 5-3　基于透明负载的 NTN 网络典型场景

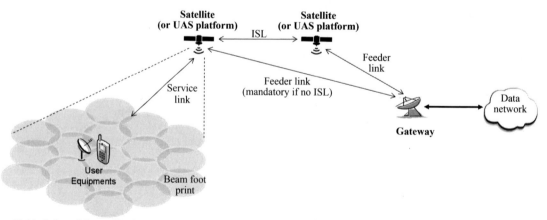

图 5-4　基于可再生负载的 NTN 网络典型场景

2. 差分时延

差分时延与两个被选中的点的传输时延的差别有关,这两个点是在波束内的某个特定位置。例如可以在星下点(卫星距离地面最近的点)和覆盖范围边缘选择点。所有终端的网关路径可能都相同,但是这只是用来简化计算的。

5.3　典型场景下的多普勒频移和时延

前两节只是简单介绍了一下多普勒频移和时延,本节将从两种不同的场景中逐一介绍这两个概念的一些特点。

5.3.1　地球静止轨道卫星

地球静止平台的轨道在海拔 35786 km 的轨道平台上,并相对于地球静止。但是,由于地面潜在的某些缺陷,卫星将在其轨道位置周围进行一些运动,如另一部分所述。

1. 传输时延

首先来区分一下弯管负载和再生有效载荷。弯管负载的传播延迟是馈线链路传播延迟和用户链路传播延迟的总和。同时,它的往返时间是路径延迟,即网关-卫星-用户设备-卫星-网关。它相当于单向传播延迟的两倍。再生有效载荷的传输时延是卫星到用户之间的传输时延,而它的往返时间是路径上的延迟,即卫星-用户设备-卫星。

在两种情况下,都没有考虑运输时间和/或处理时间。对于传播延迟计算,网关的最小仰角设置为 5°,终端的最小仰角设置为 10°,可以在各种仰角下设置终端,但一般认为最坏的情况是 10°仰角。

接下来总结一下不同情况下不同路径、不同距离和不同的传播时延,如表 5-6 所示。

表 5-6　GEO 卫星的传播时延

倾斜角度	GEO 卫星		
	路径	距离/km	时间/ms
UE：10°	卫星-UE	40586	135.286
网关：5°	卫星-网关	41126.6	137.088
90°	卫星-UE	35786	119.286
弯管卫星			
单程时延	网关-卫星-UE	81712.6	272.375
往返时延	网关-卫星-UE-卫星-网关	163425.3	544.751
再生卫星			
单程时延	卫星-UE	40586	135.286
往返时延	卫星-UE-卫星	81172	270.572

2. 差分时延

在本节中,以星下点和覆盖边缘取值点为例计算特定位置之间的差分延迟。

假定所有用户设备到网关的路径都相同。对于地球静止卫星,针对一颗位于 10°E 的卫星,并且在假设所有点都链接到同一网关的前提下,计算了一些点之间的差分时延,如表 5-7 所示。

表 5-7 不同点之间的差分时延

城市节点	差分时延/ms
巴黎到马赛	1.722
里尔到图卢兹	2.029
布雷斯特到史特拉斯堡	0.426
奥斯陆到特罗索	−3.545
奥斯陆到斯瓦尔巴特群岛	−6.555
奥斯陆到巴黎	3.487

3. 多普勒频移

原则上,对地静止卫星(图 5-5)是固定的,因此不会引起多普勒频移,除非是由于可能的用户设备运动所致。实际上,由于扰动(例如,太阳、月亮)和影响地球重力的非球形分量地球引力,卫星正在绕其标准轨道位置移动。

人造卫星通常通过推力或等离子推进力保持在具有以下尺寸的空间中。

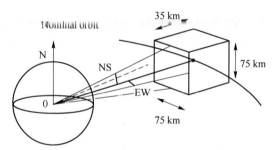

图 5-5 对地静止卫星的弹道箱

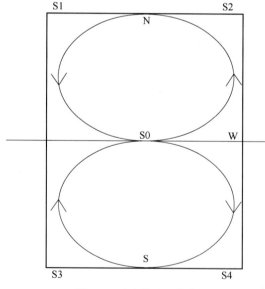

图 5-6 对地静止卫星轨迹

在图 5-6 中,卫星的轨迹表示为从赤道上的点所看到的景象,其经度与对地静止卫星的轨道位置具有相同的经度,对地静止卫星将 24 小时覆盖整个轨迹。

为了说明使用多普勒频移公式的多普勒频移计算,将考虑一些具体的情况:条件是 10°仰角的对地静止卫星(欧洲上空)。场景是从巴黎到里尔和从巴黎到史特拉斯堡的高速行驶(500 km/h)的列车。

在从巴黎往北行驶的高速列车中,获得的多普勒频移在下面提供,如表 5-8,表 5-9 所示。

表 5-8   带有 GEO 的多普勒频移和高速列车上的终点站的相反方向示例

频率	2 GHz	20 GHz	30 GHz
多普勒频移/Hz	−707	−7074	−10612

表 5-9   GEO 和飞机上的终端处于相反方向的多普勒频移示例

频率	2 GHz	20 GHz	30 GHz
多普勒频移/Hz	−1414	−14149	−21224

若高速列车从巴黎往东的方向行驶,多普勒频移如表 5-10、表 5-11 所示。

表 5-10   具有 GEO 和高速列车的多普勒频移示例

频率	2 GHz	20 GHz	30 GHz
巴黎的多普勒频移/Hz	147	1478	2217
里尔的多普勒频移/Hz	138	1383	2075

表 5-11   在 GEO 和平面中的多普勒频移示例

频率	2 GHz	20 GHz	30 GHz
多普勒频移/Hz	295	2956	4434

5.3.2   非对地静止卫星

在本节的介绍非对地静止卫星时,主要介绍了三种情况,位于 600 km 的 LEO,位于 1500 km 的 LEO 和位于 10000 km 的 MEO。

1. 传输时延

在弯管卫星的情况下,单向传播延迟是馈线链路传播延迟和用户链路传播延迟之和,即 网关与用户设备之间的传播延迟。在再生卫星的情况下,单向传播延迟是卫星到用户设备 的传播延迟。在这两种情况下,都没有考虑传输时间和/或处理时间。

对于弯管卫星,往返时间是路径的物理路径持续时间:网关—卫星—用户设备—卫星— 网关,实际上是单向传播延迟的两倍。对于再生卫星,往返延迟是对应于以下路径的延迟: 卫星—用户设备—卫星。

在计算中,将网关设置为 5°仰角,并且可以将终端设置为各种仰角,但是对于传播延迟 计算,一般认为参考情况为 10°仰角。

表 5-12 总结了在不同的情况下,以 km 为单位的不同距离以及以 ms 为单位的不同传 播时延。

2. 差分时延

本节将计算某些特定位置之间的差分延迟,例如在最低点和覆盖边缘处。网关的路径 对于所有终端都应该是相同的。不同卫星的差分时延如表 5-13 所示。

表 5-12　不同卫星的传播时延

仰角	路径	海拔 600 km 的低轨卫星		海拔 1500 km 的低轨卫星		海拔 10000 km 的中轨卫星	
		距离/km	时延/ms	距离/km	时延/ms	距离/km	时延/ms
用户：10°	卫星到用户	1932.24	6.440	3647.5	12.158	14018.16	46.727
网关：5°	卫星到网关	2329.01	7.763	4101.6	13.672	14539.4	48.464
90°	卫星到用户	600	2	1500	5	10000	33.333
弯管卫星							
单径时延	网关到卫星用户	4261.2	14.204	7749.2	25.83	28557.6	95.192
往返时延	往返	8522.5	28.408	15498.4	51.661	57115.2	190.38
再生卫星							
单径时延	卫星到用户	1932.24	6.44	3647.5	12.16	14018.16	46.73
往返时延	卫星到用户到卫星	3864.48	12.88	7295	24.32	28036.32	93.45

表 5-13　不同卫星的差分时延

	海拔 600 km 的低轨卫星		海拔 1500 km 的低轨卫星		海拔 10000 km 的中轨卫星	
	相对距离	相对时延	相对距离	相对时延	相对距离	相对时延
最低点和覆盖边缘处的差分单径时延		4.44 ms		7.158 ms		13.4 ms
最大时延所占的百分比（弯管）	1332.2 km	31.26%	2147.5 km	27.8%	4018.16 km	14.1%
最大时延所占的百分比（再生卫星）		67%		58.9%		28.7%

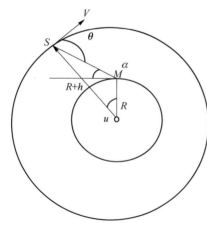

图 5-7　用于多普勒计算的系统几何

3. 移动终端的多普勒频移

在非对地静止卫星系统中，对于移动终端的多普勒频移计算方法总结如下。根据这种评估方法，可以发现当用户设备位于轨道平面内时，多普勒频移最大。

图 5-7 描述了用于多普勒计算的系统几何，其中卫星"S"位于圆形轨道上，向量 **V** 对应于轨道速度向量。多普勒频移是针对位于轨道平面中的移动终端"M"计算的，并且对应于最大值。

影响多普勒频移值的因素之一是 **SM** 和速度矢量 **V** 之间的夹角，角度称为 θ。卫星海拔高度为 h，地球半径为 R。卫星的速度为 **V**，发射频率为 F_c。多普勒频移的值用 F_d 表示，其表达式为

$$F_d = \frac{F_c}{c} \times V \times \cos\theta = \frac{F_c}{c} \times V \times \frac{\sin\mu}{\sqrt{1+\gamma^2-2\gamma\cos\mu}} \tag{5-8}$$

式中：

符号	含义
θ	卫星速率和地球半径 SO 之间的角度
μ	**OM** 和 **OS** 之间的夹角，随着卫星的移动逐渐变化：$\mu(t)=\mathbf{V}\times t/(R+h)$
OM	地球中心到地球上的点的向量
OS	地球中心到卫星的向量
α	M 点水平到卫星 S 的仰角
γ	$\gamma=\dfrac{R+h}{R}$

4. 固定接收机的多普勒频移

下面总结了在非对地静止卫星系统中，对于固定接收机的多普勒频移计算方法。假设笛卡儿坐标系使移动的卫星和接收器位于 y-z 平面上。固定接收机经历的多普勒频移可以作为时间的函数计算如下：

$$f_d(t) = \frac{f_0}{c} \frac{d(t)}{|d(t)|} \frac{\partial x_{\mathrm{SAT}}(t)}{\partial t} \tag{5-9}$$

式中，f_0 表示载波频率，$d(t)$ 表示卫星与接收器之间的距离矢量，$x_{\mathrm{SAT}}(t)$ 表示卫星位置的矢量。这些向量可以表示为

$$d(t) = [0,(R_{\mathrm{E}}+h)\cos(\omega_{\mathrm{SAT}}t),(R_{\mathrm{E}}+h)\sin(\omega_{\mathrm{SAT}}t)-R_{\mathrm{E}}] \tag{5-10}$$

$$X_{\mathrm{SAT}}(t) = [0,(R_{\mathrm{E}}+h)\sin(\omega_{\mathrm{SAT}}t),(R_{\mathrm{E}}+h)\cos(\omega_{\mathrm{SAT}}t)] \tag{5-11}$$

式中，R_{E} 表示地球半径，h 表示卫星高度，ω_{SAT} 表示卫星角速度。

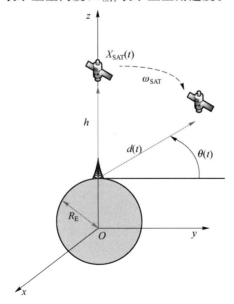

图 5-8 用于多普勒计算的系统几何（卫星在 Y-Z 平面上移动）

经数学变换后，多普勒频移关于仰角的函数在闭式表达式中计算如下：

$$f_{\mathrm{d}}(t)=\frac{f_0}{c}\omega_{\mathrm{SAT}}R_{\mathrm{E}}\cos[\theta(t)] \tag{5-12}$$

式中，角速度为 $\omega_{\mathrm{SAT}}=\sqrt{\dfrac{GM_{\mathrm{E}}}{(R_{\mathrm{E}}+h)}}$，其中 G 表示重力常数，M_{E} 表示地球质量。

如果将接收器放在飞机或高速火车上，则由于其自身的速度也会产生多普勒频移。在非对地静止卫星的情况下，由卫星运动引起的多普勒频移要比由用户运动引起的多普勒频移高得多。对于 GEO 和 HAPS(High Altitude Platform Station)，多普勒频移分量主要是由用户移动引起的。

5.4 小　结

本章介绍了星地融合网络的链路特征，并提到了两个典型场景，地球静止轨道卫星和非对地静止卫星系统，以及这两个场景下时延和多普勒频移的计算方法。

第 6 章 卫星地面融合网络接入控制

这一章主要介绍卫星地面融合网络接入控制,分别从大的类别和一些具体的场景中进行介绍,之后会介绍 5G 网络的具体架构。

6.1 卫星地面融合网络接入类别

根据对卫星网络特性的分析,可以将卫星地面融合网络的接入场景分为三类,分别是"连续服务""泛在服务""扩展服务"。这三种类别彼此之间并不排斥,一个场景可能同属多个类别。

6.1.1 连续服务

地面网络的部署主要由人口中心的覆盖范围而不是地理区域的覆盖范围来驱动。这样就会产生一些无法通过地面网络的无线电覆盖访问 5G 服务的区域。在这种情况下,UE 无论与行人相关,还是与移动地面平台(例如汽车、卡车、火车),机载平台(例如商用或私人飞机)或海上平台(例如海上船舶)相关,都可能遇到一种情况,那就是用户在运动过程中,单个或多个地面网络无法连续提供 5G 服务。

本类别下描述的用例将解决当用户同时在地面和卫星网络之间移动时,提供连续访问 5G 系统服务的机会。

6.1.2 泛在服务

由于经济理由(预期收入未达到最低盈利门槛)或灾难(如地震、洪水)导致地面网络基础设施暂时中断或彻底破坏需要恢复的地面网络可能无法使用。许多潜在用户可能希望通过地面网络在这些"未服务"或"服务不足"的区域中访问 5G 服务,但是由于上述原因无法实现,因此 5G 卫星接入网可以作为可行方案提供这样的服务。本类别下的用例将会解决这一类问题。

6.1.3 扩展服务

与地面网络相比,卫星网络具有较大的覆盖范围,通常一个卫星能覆盖地面网络中的数万个小区。因此,卫星可以有效地在大范围内多播或广播类似的内容,并有可能直接传送到用户设备。同样,在繁忙时段,卫星网络还可以通过在非繁忙时段多播或广播非时间敏感数据来减轻地面网络的流量。

与此类别相关的用例有很多,例如由于新的媒体编码格式(例如 3D,超高清)而产生电视内容的分发。

6.2 卫星地面融合网络接入场景

6.2.1 卫星地面网络直接的路由

卫星和地面网络具有直接的路由,指用户可以在既有地面网络又有卫星网络的地方,直接选择最佳网络。运输公司 Worldwide 希望追踪集装箱,因此他们在集装箱中安装了 UE,该 UE 可以向中央服务器报告位置和其他参数(例如,集装箱中的温度)。同时,Worldwide 已为 UE 配备了地面运营商 TerrA 的订阅。TerrA 与全球大多数地面运营商签订了漫游合同,以使 Worldwide 的运输公司能够在有地面覆盖的任何地方追踪集装箱。

由于集装箱也在没有地面覆盖的区域中旅行,因此全球运输公司已确保集装箱上的 UE 也具有卫星接入功能。这意味着,例如当集装箱在海洋上的船上或乘坐火车、卡车穿越偏远地区而没有地面网络覆盖时,也可以被追踪。同时,运营商 TerrA 认识到全球漫游的重要性,因此还与卫星网络运营商(如 SatA)建立了漫游协议。

集装箱上卫星接入 UE 需要直射光线,但是这并不总能实现(例如,当集装箱位于集装箱船上的堆叠底部时)。因此,使用另一个具有直接视线的容器上的 UE 作为中继,容器上的 UE 可以作为远程 UE 连接到网络。一般来说,集装箱船会提供一个或多个中继 UE。

上述这个例子即为该场景的一个典型案例,该场景的前提条件是容器上的 UE 拥有 TerrA 的订阅,同时 TerrA 与地面运营商 TerrB 和卫星运营商 SatA 签订了漫游协议。该场景中的 UE 具有通过地面和卫星网络的全球连接性,可通过此融合网络选择最佳路由。

6.2.2 卫星覆盖的广播与多播

在 Release 14(R14)中,3GPP 已指定了使移动网络以新的和改进的方式交付电视服务的功能。电视和内容提供商可以直接通过标准化接口来提供服务。在系统的许多增强功能中,重点包括更大的无线电广播范围,免费服务以及数字视频信号的透明模式传递。Release 14(R14)的改进允许通过 eMBMS(增强型 LTE 多媒体广播和多播系统)和单播对移动设备和固定电视的电视服务提供更好的支持。所取得的改进包括:移动网络运营商与用于媒体传送和控制的服务提供商之间的标准化接口,用于增强广播支持的无线电增强功能以及允许免费收看仅传送服务的系统增强功能。这种方法可以扩展到卫星覆盖,不仅可以处理视频内容,而且还可以解决需要将其分发给几个 UE 的任何形式的数字内容,同时考虑到卫星网络具有较大的地理覆盖范围的好处,并且具有独立功能。其可以仅使用接收模式,或作为双向操作模式的补充。

下面来假设一个例子,移动网络运营商(MNO)通过覆盖范围 M 的无线电提供服务。M 主要针对市区和郊区。MNO 的服务内容中包括电视频道或视频流服务的分发。随着可用节目的数量增加以及内容的质量的改进,对这些分发服务的需求正在稳步增长。在某些情况下会导致 MNO 的传输能力达到饱和,但是正在订阅该服务的 UE 还是要接收相应的内容。卫星网络运营商 SNO 通过覆盖范围 S 的无线电提供服务。S 可能包括 M,同时 S 还可以寻址 M 以外的 UE。

这样的话,在任何给定时间,订阅了 MNO 服务的 UE 可以同时处在多种不同覆盖范围的无线电中,比如 M 和 S,仅 S 或者仅 M。

这个场景的服务流程是通卫星通过广播服务 UE,不在卫星范围内的 UE 使用移动网络,UE 组合分别从星地接收的数据流。

通过这个场景提供的服务,对于订阅了内容交付服务的 UE,MNO 保证了内容的服务质量,同时 MNO 也能够应对其基础设施上日益增长的流量。而且 MNO 为某些 UE 提供了改进的内容服务质量,又不过分增加了其移动网络基础架构上的流量。

6.2.3 带有卫星网络的物联网:天基物联

5G 卫星网络可以基于一个或多个卫星的星座,卫星允许具有有限路由功能的 UE 进行连接。卫星群可以为被卫星全球覆盖的任何 UE 提供连续的服务。物联网(IoT)服务提供商可以访问 5G 系统和几个相关的移动网络,从而在特定区域为客户提供连接,并希望保证地理覆盖范围的扩展。卫星组件可以提供以下服务:①作为 5G 卫星接入网络,允许将无线电覆盖范围扩展到地面网络;②作为 5G 卫星网络,通过漫游协议提供对其他 5G 地面网络的扩展。

下面举一个例子。一群运送 VIP(Very Important Person)的车辆将从 A 点移至 B 点。运送 VIP 的车辆的位置必须连续不断地自动报告给安全人员。但是,在计划此次活动之前,现有的 5G 地面网络或技术无法提供 100% 的连续覆盖。而 LEO 卫星网络是可用的。该卫星网络的服务区域包括将 VIP 运送到的蜂窝网络不可用的区域。

将 UE 放置在带有 VIP 的车辆上。当在蜂窝网络的范围内时,UE 通过该网络报告位置。而当在卫星网络的范围内,但不在地面网络的范围内时,UE 通过卫星网络报告位置。这样,VIP 的位置会连续报告给安全官员,从而保证 VIP 的安全。

通过这种服务,当从 5G 卫星接入网切换到地面接入网或从地面接入网切换回去时,5G 系统可以定义条件,以避免所提供服务质量的不稳定。

6.2.4 卫星组件的临时使用

网络运营商已在指定地理区域内部署 5G 地面无线接入技术(RAT,Radio Access Technology),让其作为 5G 系统的一部分。这个地理区域可能涵盖多个国家,部署 5G 地面网络的基础设施包括无线接入网和核心网。当发生重大危机如地震,洪水或战争时,RAT 的元素被部分或完全破坏,通常由地面网络提供的服务访问不再可用。同时,危机使得公共机构启动应急措施,以便提供急救支持,恢复安全并组织后勤支持。

假设小红是 5G 现场工程师。她位于危机地区,正在部署和维护 5G 地面基础设施。小红希望获得远程总部的支持,以帮助恢复 5G 基础架构。小明是一位危机管理人员,他负责搜索与救援团队。他需要与已部署和分散的团队进行互动以协调行动,因为搜索区域超出了设备到设备(D2D)的能力,可以将卫星组件部署在现场以实现 5G 地面覆盖。

5G 卫星 RAT 也可部署在同一地理区域的无线电覆盖范围内。小红和小明配备了具有卫星接入功能的 UE。但是处于恶劣环境山区内的小红和小明由于地面基站部署困难,无法访问 5G 地面网络进行有效沟通,而此时卫星则可发挥作用。

通过该场景所提供的服务,可以访问卫星组件的许多网络运营商以最小的服务集(例如语音、消息、邮件)授予对他们网络的访问权限,以便为卫星覆盖范围内的每个 UE 提供保证的访问。同时为公共和专业用户(例如小红)提供了一个网络切片,以保证一定百分比的允许流量;制定了针对需求调整报价的政策。向小明所属的任务团队提供另一部分允许的交通量,以保证对任务的支持。

遇到这一场景,星地融合网络可以利用切片,对不同需求的用户提供不同的服务支持,以确保用户能够高效完成各自的任务。

在过渡期间,在 5G 地面网络恢复到正常状态之前,小红和小明都有权使用最少的通信服务来履行职责。

6.2.5　在卫星上进行最优路由选择

引入 5G 卫星接入网络从而使没有或者边缘的 5G 地面接入网络的地区,可以选择接入卫星基站来做最优的路由选择。我们还用小红举个例子。小红拥有一家工厂,该工厂采用增材制造工艺生产机械零件。得益于有吸引力的融资计划,小红在偏远地区建设了第一家工厂 First Factory(FF),该工厂位于 5G 地面 RAT 的无线电覆盖范围的边缘,因此 eMBB 服务的性能可能会在一定时间受到限制。之后小红还在更偏远的地区建造了第二家工厂 Second Factory(SF),其融资方案更加有趣,但是该地区没有 5G 地面接入网络。

工厂几乎是完全自动化的,只有尽可能少的人员分配到生产、运营和监视生产。每台机器都将上载金属叠层制作(Additive Layer Manufacturing)电子文件,以生产要制造的零件。随着 ALM 流程的成功运行,ALM 的复杂性和 ALM 电子文件的数量随着时间的推移而增加。对于 FF 和 SF,传输 ALM 文件的延迟不断增加,使原本可以使用的资源饱和。同时,小红还想购买新机器,以进一步实现其流程的自动化,并从远程总部命令和监视机器。

针对上述情况,FF 和 SF 应该位于 5G 卫星接入网络的无线电覆盖范围内,如果需要,位于工厂内的 UE 可以通过与卫星直接可见的中继节点访问卫星网络。通过该场景下提供的服务,FF 和 SF 的机器都能够接收到 ALM 文件。

5G 系统应能够结合可用的地面和卫星网络,以根据请求的 QoS 优化 UE 的连接性。

6.2.6　卫星跨境服务连续性

与 A 国的运营商 TA 相关的 5G 地面网络的无线电覆盖范围由与其部署时间表匹配的多个区域组成。B 国的网络运营商 TB 遵循相同的方法。

同时部署了 SA 和 SB 两颗卫星,其无线电覆盖范围都与 TA 和 TB 覆盖范围部分重叠,并且可以访问 TA 和 TB 的 UE 也可以访问 SA 和 SB,如图 6-1 所示。

卫星组件可以是具有以下配置之一的卫星接入网:①5G 卫星 RAT,它为 TA 或 TB 提供可用 5G 接入网络的无线覆盖范围扩展;②一个提供与 TA 或 TB 的 5G 核心网连接的卫星接入网络;③独立的 5G 网络,具有独立的接入网络和核心功能,并与 TA 和 TB 达成了漫游协议。

假设小红从 A 的首都离开家,去 B 的首都拜访她的好朋友小明。小红和小明都是 5G 行业的知名专家。小红想向小明报告该行业的最新进展,她想借此机会从网上下载最新新闻。

在该场景提供的服务下,小红在旅行的过程中,可以全程享受到网络服务。首先,她的

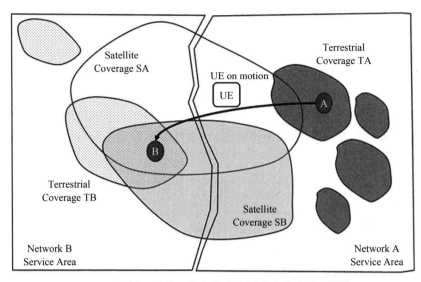

图 6-1　包括卫星接入在内的多个国家和多个地面网络

UE 连接到 TA 的 5G 地面网络。然后,由于 TA 建立了也使用卫星组件的协议,当 TA 的地面组件不可用时,小红的 UE 通过 SA 卫星组件连接到 TA 的网络。小红的 UE 的这种连通性可以通过位于火车平台上的中继节点 UE 来实现;随后,火车离开运营商 A 的服务区,进入网络 B 的服务区。仍然没有可用的地面覆盖,并且 SA 的卫星覆盖是唯一可用的覆盖,小红的 UE 仍通过 SA 连接。随后,地面覆盖仍然不可用;网络运营商 B 可以使用卫星覆盖区 SA 和 SB,小红的 UE 通过这两个连接。接下来,小红的 UE 可以被卫星 SB 和地面网络覆盖,可以选择性能最好的网络。最后,小红到达 B 的首都。

6.2.7　全球卫星覆盖

根据 3GPP TR 22.891,传播延迟受到物理条件的限制,比如说空气中的光速为每秒 299792458 m,在光纤连接中光速为平常的 2/3。有了这些限制,可以将 1 ms 的单向传输延迟映射为 300 km 的空中传播或 200 km 的基于光纤的传输。

当两个站点之间的距离增加(几千公里)时,空气和光纤传输介质之间的延迟差异对于此类应用可能变得至关重要,因此与基于光纤的网络相比,使用其他网络选项值得考虑。

一组低地球轨道卫星,其中每个卫星都配备了 gNB 载荷并通过"星际卫星链路"与其他相邻卫星互连,从而可以接入 UE。这种类型的星座系统将为需要长距离连接且具有改进的等待时间性能或特定端到端安全性的用户提供覆盖网状网络。

在全球分布站点的全球组织可能需要在站点之间建立长距离连接,而这些关键需求包括低延迟、可靠性和端到端安全性,以支持诸如高频交易(High-Frequency Trading)、银行或企业等关键应用领域的通信。

假设有一个组织由需要在全球范围内分布的一组分布式站点组成。因为该组织的运营与以下指标有关:采矿,石油和天然气开采、交易等,故而对于带宽和延迟方面对安全性和服务质量(QoS)都有严格的要求。

该组织通过网络运营商购买服务,包括许多 UE。UE A 位于巴黎证券交易所,UE B 位于东京证券交易所,UE C 位于纽约证券交易所,它们都是将计算机与 UE 连接以进行 HFT(High-Frequency Trading)。其他证券交易所如伦敦、芝加哥等的 UE 也已连接到网络。

交易计算机需要共享信息以提高效率,还需要在交易计算机之间交换购买/出售订单,必须选择具有最小延迟的通过重叠网络的最佳路由,以最大化组织的绩效。

运营商可以接入许多地面或卫星路线,以确保为其客户提供端到端性能。通过对不同路由的性能(延迟和网络负载影响的延迟)的监视,为某些 UE 到 UE 的连接情况(例如,巴黎至东京、巴黎至芝加哥)提供卫星网络覆盖,对于其他短距离情况(从巴黎到伦敦),则最好选择地面路线。

该组织为全球连接提供了最高的端到端 QoS 性能,可以为每个路径(包括通过卫星覆盖)建立最佳路由。

6.2.8 通过 5G 卫星接入网间接连接

在考虑 3GPP TR 22.822 现有版本中描述的"服务连续"用例类别时,由处在运动的平台(飞机、轮船等)上或者经济原因,许多潜在的远程用户可能处在无法接入 5G 网络的地区。在考虑关键任务通信时,这些平台也可以是移动平台。

为了应对这种情况,5G 卫星网络可以为连接性的问题提供一个解决方法:处于运动或固定状态的远程 UE,由于其可能没有卫星接入能力或无法到达卫星接入的装置,所以将与具有卫星交互功能的中继 UE 互连,如图 6-2 所示。中继 UE 将通过 5G 卫星访问从而在关联的远程 UE 与 5G 核心网络之间提供间接连接,如图 6-3 所示。

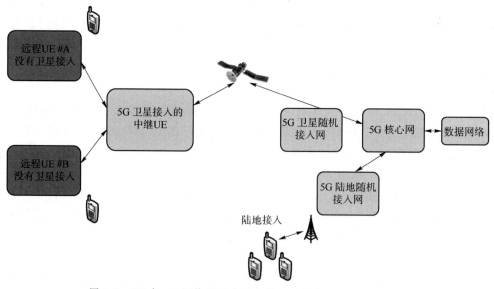

图 6-2 UE 与 5G 网络通过启用弯管卫星和中继 UE 进行互连

由于用户平台(长途飞机或轮船)的运动,在远程 UE 的连接会话期间,某些中继 UE 可能位于不同的国家,而其他中继 UE 可能位于一个国家。并且附着到单个中继 UE 的远程 UE 的数量与当地情况有关,例如,从偏远地区的几个 UE,到几百个(例如商用喷气式飞机)或几千个(例如海上巡航船)。

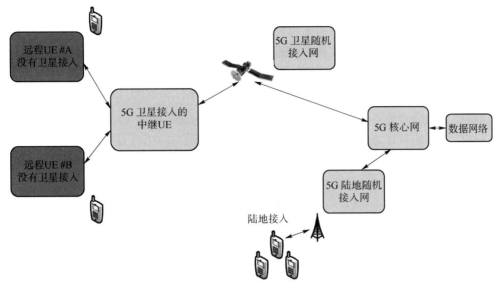

图 6-3　UE 与 5G 网络通过启用 5G 卫星和中继的 UE 进行互连

连接到中继 UE 的远程 UE 的订阅者希望获得类似的连接服务,就像它们位于 5G 地面访问的直接范围内一样。

例如,小丽用 UE 购买了 5G 订阅。她的订阅包括在指定区域(商业飞机、商业邮轮公司)的服务范围扩展。当小丽乘飞机从巴黎飞往东京时,她检查了自己是否可以通过互联网使用智能手机进行浏览。

还有保护公民安全公务员小强也订阅了该服务,他就可以在森林中进行远距离作业从而可以寻找迷路的公民,该功能在冬季尤为重要。当需要干预时,小强会在雪车上配备启用卫星功能的 UE。他的智能手机直接与卫星连接,从而使他的卫星 UE 可以充当中继 UE。

假设小丽和小强的个人 UE 没有启用卫星功能,其服务提供商为其相应的服务订阅指定了最低服务列表(数据传输、消息传递、语音、低速率视频)和相关的 QoS。

故而每当具有卫星功能并与具有卫星接入功能的 5G 系统相关联的中继 UE 到达时,就会向小强和小丽提供与订阅的服务列表的连接性,这些服务包括:小丽搭载了具备卫星功能的中继 UE 进入飞机。在飞行过程中,中继 UE 能够访问几颗卫星,并且已经相应地管理了 UE 中继的连通性而没有中断。小强的 UE 的 5G 网络也是如此。小强可以帮助迷路的人,因为他的 UE 指引她朝正确的方向前进,避免实时出现潜在的恶劣天气,她还可以实时报告其的当地情况。

6.2.9　新空口(NR)与 5G 核心直接的 5G 固定回程

假设小红和小刚居住在两个小村庄 A 和 B,两地相距约 5 km,由一条主要道路相连。周边地区人口密度低,只有农场和废弃的采石场。

这两个村庄目前没有现代通信服务。由于与下一个小镇 C 的距离较远,因此 DSL 连接性很差,该地区的移动运营商拥有良好的覆盖范围,但几乎无法到达两个村庄。移动运营商已决定在村庄之间放置一个共享的手机信号塔。他们有 300 个家庭,夏季有更多的度假住宿。因此这条路有时可能会因节假日交通繁忙而繁忙,但通常都很安静。

小红和小刚离开 C 上学时喜欢使用手机,但是在他们回家之前,信号无法使用。

卫星运营商 S 一直在与一个移动运营商合作进行另一个项目,并且覆盖了 A 和 B。移动运营商已决定通过进行卫星回程来启动新的手机信号塔。这样可以快速安排,并且不需要在手机信号塔的位置之外进行任何建筑工作。

新塔上的两个小区使用 S 卫星网络提供移动运营商的所有常规服务,并使用 S 卫星网络在小区塔和移动运营商的核心网络之间提供连接。5G Core 和 NR 之间的接口直接通过卫星链路传输。

网络功能的非本地化可以在某些情况下提高整体服务质量。

最终,小红和小刚可以在自己的村庄以及在 C 镇使用手机。从最终用户的角度来看,网络的响应现在远远优于不良的 DSL(Digital Subscriber Line)或距离较远的地面移动小区。

6.2.10　5G 移动平台回程

假设火车运营商 TO(Train Operator)正在全国范围内开辟一条新的 1000 km 高速线。TO 希望为所有乘客提供特定的娱乐服务(上行流量不高或下行流量少,下行链路高),并为那些付费的乘客提供通用的互联网服务,还必须提供非关键操作数据以供 TO 内部使用。

TO 与该国的地面移动运营商已经安排好了,在全国的城市和大部分郊区地区,移动运营商的覆盖范围都非常出色。在该国人口稠密的地区,移动网络可能会在一天中的特定时间的某些时间过载。但是,在该国中部大约有 200 km 的路段,根本没有覆盖。TO 与卫星运营商 SO 合作,后者能够在全国范围内提供良好的覆盖范围,并在下行链路中提供较大的吞吐量。同时,SO 还与所有移动运营商建立了良好的互惠合作关系,以确保为 TO 的客户提供优质的服务。TO 将与移动运营商合作,在火车上放置 5G 基站。

因此,地面移动运营商可以在他们现有的地面基站上和/或在火车上的基站上单播/组播/广播娱乐内容。当火车经过该国中部时,将有很长一段时间只能使用卫星连接。他们可以将常用内容存储在 TO 的本地基础结构中,并根据需要进行更新,同时有权获得通用互联网服务的 UE 也可以组合或单独使用两个接入网。并且 TO 的内部服务可以根据需要使用网络。

使用 TO 娱乐服务的 UE 的服务不受其位置的影响。经常使用的服务存储在本地,几乎可以即时获取服务,授权的 UE 可以根据需要使用常规的 Internet 服务。

6.2.11　5G 覆盖到场所

诺伊多夫(Neudorf)是 20 世纪 70 年代在阿尔卑斯山脚下建的村庄,大约有 80 栋房屋。当时它被建为度假村,之所以选择该位置,是因为附近有滑雪缆车。随着全球变暖,缆车生意做不了了,但由于远离城市的生活方式,该地区现在很受欢迎(作为主要住所)。建成之初,这里只有一部电话,如今,旧的电话交换局距离太远,无法提供良好的 DSL(Digital Subscriber Line,数字用户线路),并且由于山丘,蜂窝网络的覆盖范围也存在很大差异,并且总体上来说并不是很好。居民之间存在分歧,有些人想要现代的交流,而另一些人则兴趣不大。

在这个相对偏远的位置上没有有线电视公司在运营,并且许多场所长期以来一直使用卫星来接收广播电视。

新的卫星运营商 S 已部署了一个在此地理区域及其他地区运营的组件。卫星组件可用于优化对可用频谱和网络资源的访问。地面蜂窝运营商 T 决定与 S 合作,以使用其新的家庭/办公室网关单元组合来自 S 和 T 的可用信号,并在房屋内提供良好的 WiFi 覆盖,从而为该地区的客户提供更好的服务。

地面运营商 T 通过其卫星组件广播和组播媒体内容。缓存可以在网关上完成,T 具有灵活的组织方式,可以为频繁访问的内容提供出色的性能。通常,单播将使用蜂窝路由。如果服务不需要低等待时间,则应使用卫星组件。

6.2.12 远程服务中心与海上风电场的卫星连接

海上风电场的风力发电厂通信网络通过 5G 卫星连接到陆上和内陆远程服务中心。

图 6-4 显示了远程服务中心连接到卫星的两种设置,远程服务中心直接使用 5G 卫星 UE(陆上卫星连接 A);远程服务中心连接到包含 5G 卫星连接(陆地卫星连接 B)的 PLMN(Public Land Mobile Network)。

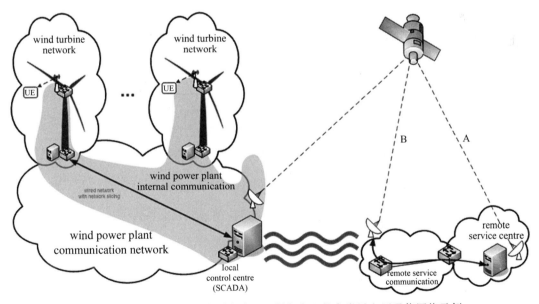

图 6-4 通过 5G 卫星连接到内陆远程服务中心的离岸风电厂通信网络示例

6.3 基于 5G 卫星网络的架构

卫星网络是指通过基于卫星的基础架构提供的无线电接入网络和核心网络的组合。核心网络可以连接到除卫星接入网之外的其他无线接入网。

图 6-5 描述了可以用弯管卫星(透明,没有星载处理能力)和再生卫星(具有星载处理能力)实现的可能架构。它描述了 5G 卫星接入网,其中包括连接到 5G 核心网的非 3GPP 卫星接入网。在这种情况下,卫星是弯管卫星:UE 与卫星之间以及卫星与卫星集线器之间使用相同的无线电协议。

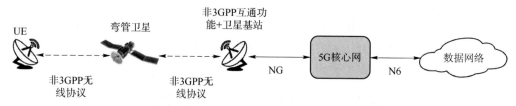

图 6-5 具有非 3GPP 接入网和 5G 核心网的 5G 卫星接入网

图 6-6 描述了一个 5G 卫星接入网,它包括连接到 5G 核心网的 5G 卫星接入网。在这种情况下,该卫星是弯管卫星或再生卫星:使用 NR 无线电协议在 UE 和卫星之间,F1 接口用于卫星和 gNB 之间。

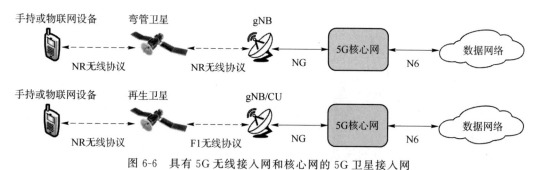

图 6-6 具有 5G 无线接入网和核心网的 5G 卫星接入网

下面介绍 UE 初始接入的信令流程。

(1) gNB 接入流程

根据图 6-7 得到的具体流程:

1. UE 请求从 RRC_IDLE 建立新的连接。

2/2a。gNB 完成 RRC 设置过程。

注意:下面描述了 gNB 拒绝请求的情况。

3. 携带在 RRC Setup Complete 中的来自 UE 的第一条 NAS 消息被发送到 AMF。

4/4a/5/5a。可以在 UE 和 AMF 之间交换其他 NAS 消息,请参阅 TS 23.502。

6. AMF 准备 UE 上下文数据(包括 PDU 会话上下文、安全密钥、UE 无线电能力和 UE 安全能力等),并将其发送到 gNB。

7/7a。gNB 激活与 UE 的 AS 安全性。

8/8a。gNB 执行重新配置以设置 SRB2 和 DRB。

9. gNB 通知 AMF 设置过程已完成。

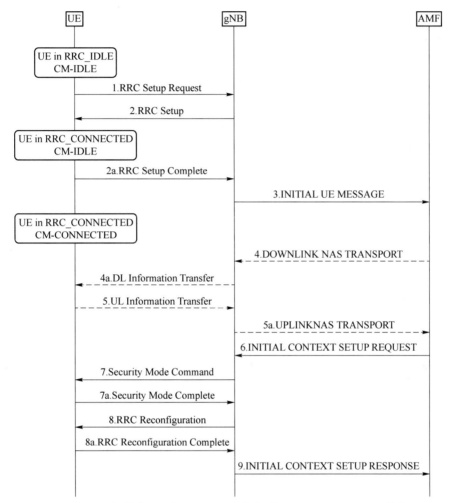

图 6-7 UE 初始接入:从 RRC_IDLE 状态到 RRC_CONNECTED 状态

(2) gNB(CU/DU 分离)接入流程

根据图 6-8 介绍 UE 初始接入的具体流程。

1. UE 向 gNB-DU 发送 RRC 连接请求消息。

2. gNB-DU 包括 RRC 消息,并且如果 UE 被允许,则在 F1AP INITIAL UL RRC MESSAGE TRANSFER 消息中包括用于 UE 的相应低层配置,并且传输到 gNB-CU。初始 UL RRC 消息传输消息包括由 gNB-DU 分配的 C-RNTI。

3. gNB-CU 为 UE 分配 gNB-CU UE F1AP ID,并向 UE 生成 RRC CONNECTION SETUP 消息。RRC 消息被封装在 F1AP DL RRC MESSAGE TRANSFER 消息中。

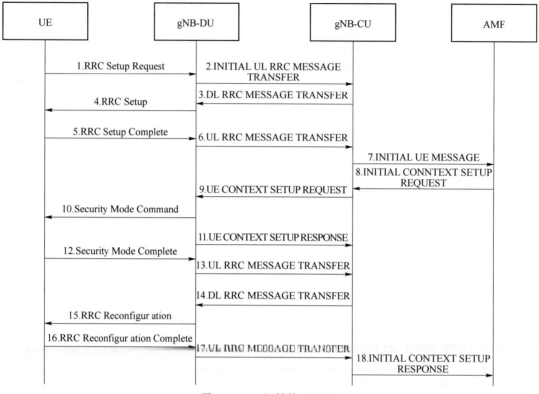

图 6-8　UE 初始接入过程

4. gNB-DU 向 UE 发送 RRC CONNECTION SETUP 消息。

5. UE 将 RRC CONNECTION SETUP COMPLETE 消息发送到 gNB-DU。

6. gNB-DU 将 RRC 消息封装在 F1AP UL RRC MESSAGE TRANSFER 消息中并将其发送到 gNB-CU。

7. gNB-CU 将 INITIAL UE MESSAGE 消息发送到 AMF。

8. AMF 将初始 UE 上下文建立请求消息发送到 gNB-CU。

9. gNB-CU 发送 UE 上下文建立请求消息以在 gNB-DU 中建立 UE 上下文。在该消息中，它还可以封装 RRC SECURITY MODE COMMAND 消息。

10. gNB-DU 向 UE 发送 RRC SECURITY MODE COMMAND 消息。

11. gNB-DU 将 UE CONTEXT SETUP RESPONSE 消息发送给 gNB-CU。

12. UE 以 RRC SECURITY MODE COMPLETE 消息进行响应。

13. gNB-DU 将 RRC 消息封装在 F1AP UL RRC MESSAGE TRANSFER 消息中并将其发送到 gNB-CU。

14. gNB-CU 生成 RRC CONNECTION RECONFIGURATION 消息并将其封装在 F1AP DL RRC MESSAGE TRANSFER 消息中。

15. gNB-DU 向 UE 发送 RRC CONNECTION RECONFIGURATION 消息。

16. UE 向 gNB-DU 发送 RRC CONNECTION RECONFIGURATION COMPLETE 消息。

17. gNB-DU 将 RRC 消息封装在 F1AP UL RRC MESSAGE TRANSFER 消息中并将其发送到 gNB-CU。

18. gNB-CU 向 AMF 发送 INITIAL UE CONTEXT SETUP RESPONSE 消息。

6.4 小 结

本章节主要介绍了卫星地面融合网络接入控制，首先介绍了三个大的类别，之后详细讲解了一些具体用例，通过这些用例来让读者更好地理解接入控制。最后介绍了卫星网络接入的架构。

第7章 卫星地面协作网络性能研究

基于卫星的广覆盖特性,本章将控制与业务分离的网络设计思路拓展到卫星地面协作网络中,利用卫星和地面基站、网关的协作,突破传统的独立无线资源管理和服务控制模式,提出一种控制面与业务面分离的卫星与地面协作网络,理论分析了在地面基站稀疏和密集部署的场景中协作网络的覆盖概率、网络容量和网络能效与用户接入偏置、基站发射功率、部署密度之间的关系。同时,充分利用卫星通信系统的广覆盖和掌握全局信息的特征,提出卫星和地面基站协作网络的资源管理方法、带宽分配方法和休眠方法,可有效提升网络吞吐量和端到端能量效率。结果表明,在地面基站部署稀疏的场景中存在频谱效率与能量效率的折中关系,在仅牺牲 3% 的频谱效率的情况下,有效提升网络能效达 90%;在地面基站密集部署的场景中,利用卫星灵活调度基站休眠,可大幅增加网络中地面基站休眠机会,在保证覆盖的前提下大幅提升网络能量效率。通过基于业务需求的带宽分配方法和按需休眠方法都可以进一步提升网络能量效率。

7.1 研究背景

当前针对卫星地面协作网络的研究主要是对认知网络和协同通信的研究,集中在系统与网络融合架构、服务质量保障、频谱共用、端到端设计等方面。然而,解决异构无线网络发展的根本问题是需要处理好认知与协同的关系,简单的通过协同增强认知能力或基于认知的协同系统并不能充分发挥认知与协同在解决异构无线网络中的根本问题。利用认知协同理论和控制与业务分离网络,设计卫星地面协作网络,还缺乏系统的理论研究。利用卫星与小基站的资源,设计频带资源分配方法、休眠方法以及高能效服务方法极具研究价值。

采用控制与业务分离的设计思路,卫星与地面网络可通过软件定义的方式进行有效分离。卫星可作为服务器归属签约用户服务器(HSS,Home Subscriber Server),完成整个卫星网络覆盖区域内所有用户签约信息的存储,并作为移动性管理实体(MME,Mobility Management Entity)完成网络中用户的移动性信令交互,并为进化型的统一陆地无线接入网络(E-UTRAN,Evolved Universal Terrestrial Radio Access Network)提供接入安全控制。卫星在控制面可保证网络的控制面无缝覆盖,并为时延容忍的低速用户提供低速的业务服务,例如机器类通信 MTC 业务、传感监测、环境监测等。而地面网络可为普通用户和时延敏感的低速用户提供相对高速的业务面业务传输,与此同时这些用户的控制面依旧保持与卫星的连接。由此,根据第 2 章的控制与业务分离网络设计思路,在卫星的辅助下,地面小基站的控制面业务传输的信令也可以进一步精简。

由于卫星的星上载荷计算能力受限,现实中往往要通过地面网关进行相关信息的处理,再将处理完成的信息发送给卫星。并且由于用户至卫星的上行链路距离遥远、信道环境极其复杂、发射功率受限,因此要利用网关将地面上用户在地基网络通信的控制面信令和业务面数据同时路由并集成至网关,通过网关的大功率回传将控制信令发送至卫星,数据业务通过回程链路回传至核心网中。

从用户接收的角度讲,由于地面的网络频段基本上在 S 频段(2~3 GHz),因此若采用该频段的卫星进行服务,则需要用户端同时保持双连接,这样会更容易实现卫星和地面基站控制、数据信息的接收。本章中考虑采用高度小于 1000 km 的低轨道卫星(LEO,Low Earth Orbit)与地面通信网络融合,构成卫星地面协作异构网络。低轨道卫星的延时相对较小,通过大量的点波束覆盖其服务区域,不同的点波束之间采用频率复用的方式进行干扰消除。由于低轨道卫星的移动,为保证波束覆盖的区域的连续服务,多个卫星的点波束之间需进行切换。为简化分析,重点研究组网特性和资源协作管理方法,不再考虑点波束之间的干扰问题和卫星星座内的点波束切换问题,地面低速移动用户相对于卫星而言几乎静止不动,因此其多普勒效应被忽略。

7.2　控制与业务分离的卫星地面协作异构网络系统模型

如图 7-1 所示,考虑一个控制与业务分离的卫星地面协作异构网络,单个卫星点波束与点波束区域内多个地面小基站协作为用户服务。卫星的点波束间频分复用,保证降低干扰和连续覆盖。卫星通过查询用户归属服务器,可具备全局用户和基站状态及业务信息,提供控制面的广域控制,实现移动性管理以及部分业务面低速数据传输服务,小基站提供高速下行数据业务服务。以下行业务为例,用户请求的业务从核心网传输到用户终端的流程设计如下:

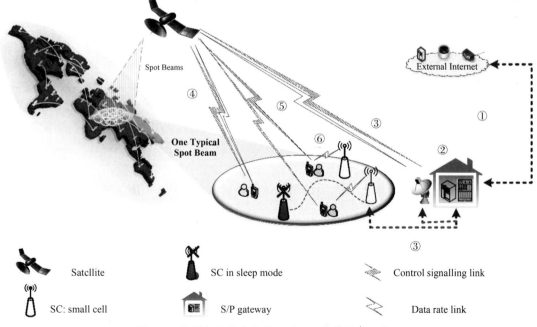

图 7-1　控制与业务分离的卫星地面协作异构网络

（1）核心网数据经回程链路汇集至地面网关；

（2）地面网关集中控制并调度控制面信令及业务面数据业务，选择不同的传输策略；

（3）地面网关将业务集中发送至卫星，或直接路由至地面基站；

（4）卫星为不在基站覆盖区域内的用户提供控制面无线资源管理及业务面低速服务；

（5）卫星为基站覆盖区域范围内的用户提供控制面无线资源管理，包括无线承载控制、无线接入控制、连接移动性控制；

（6）地面小基站为用户发送业务面数据，提供用户资源动态分配和调度等无线资源管理功能。

低轨道卫星通过多个频率复用的点波束覆盖较大范围的地面区域，研究中，可选取某一点波束覆盖范围作为典型研究区域。地面基站仍采用空间泊松点过程分布，考虑小基站服从强度为 λ_b 齐次空间泊松点过程分布 Φ，该模型被广泛地用来建模地面中用户与基站位置的随机分布特性。卫星与小基站的发射功率和可用带宽分别为：P_{ts}、P_{tb}、W_s 和 W_b。不失一般性，选取空间平面任一用户作为典型用户，用户至最近的小基站距离为随机变量 r，用户下行接收到小基站功率为 $P_{tb}h_{tb}r^{-\alpha}$，其中 α 是衰落指数（$\alpha>2$）。假设基站到所有用户之间的信道相互独立，将 h_{tb} 建模为独立同分布的瑞利衰落信道模型，服从均值为 $1/u$ 的指数分布：$h_{tb}\sim\exp(u)$。利用齐次空间泊松点过程的性质，任一用户到最近小基站的距离 r 的概率密度函数可表示为

$$f_r(r)=\mathrm{e}^{-\pi\lambda_b r^2}2\pi\lambda_b r \tag{7-1}$$

网络中的用户可分为两类：请求低速机器类通信业务的首要用户（PUE，Primary user），以及请求高速数据传输人际类通信业务次要用户（SUE，Secondery user）。两类用户的位置服从强度分别为 λ_{PUE} 和 λ_{SUE} 的相互独立的齐次空间泊松点过程分布。陆地移动卫星（LMS，Land Mobile Satellite）模型用于建模卫星到地面的无线链路信道模型，根据文献，地面用户接受卫星传输信号的瞬时信噪比 γ 的概率密度函数可表示为

$$f_{\gamma_{sd}}(\gamma)=\frac{\Omega}{2b_0\overline{\gamma_{sd}}}\left(\frac{2b_0 m}{2b_0 m+\Omega}\right)^m\exp\left(-\frac{\Omega\gamma}{2b_0\overline{\gamma_{sd}}}\right)_1 F_1\left(m,1,\frac{\Omega^2\gamma}{2b_0\overline{\gamma_{sd}}(2b_0 m+\Omega)}\right) \tag{7-2}$$

式中，Ω 是视距分量的均值，$2b_0$ 为多径分量的平均功率，m 为 Nakagami 分布参数，取值在 0 到 ∞ 之间。当 $m=0$ 时，信噪比的概率密度函数服从瑞利分布，当 $m=\infty$，信噪比的概率密度函数服从莱斯分布。本节中，采用文献中典型参数，深度阴影衰落的参数设置分别为 $b_0=0.0158$，$m=2.56$，$\Omega=0.123$。函数 $_1F_1(\cdot,\cdot,\cdot)$ 是合流超线几何函数，其表达式为

$$_1 F_1(a,b,c)=\sum_{n=0}^{\infty}\frac{a^{(n)}}{b^{(n)}n!}z^n \tag{7-3}$$

式中，$b^{(n)}=b(b+1)\cdots(b+n+1)$，因此用户从卫星接收信号的平均接收信噪比为

$$\overline{\gamma_{sd}}=\frac{P_{rs}}{N_d} \tag{7-4}$$

$$P_{rs}=\frac{P_{ts}G_t G_r}{L}\left(\frac{\lambda}{4\pi d}\right)^2 \tag{7-5}$$

$$N_d=kT_t\cdot W_s \tag{7-6}$$

式中，P_{rs} 是地面用户接收卫星信号的功率，N_d 是地面用户终端处的噪声。对于低轨道卫星，λ 是卫星发射信号的波长，d 是低轨道卫星的海拔高度，L 是大气损耗，G_t 和 G_r 分别是下行链

路发射端和接收端的天线增益。由于小基站与卫星之间采用各不相同的频段,因此卫星链路不是干扰受限的,加性高斯白噪声不能忽略。k 是玻尔兹曼常数,取值为 1.38×10^{-23} J/K,T_t 为地面终端处所在环境的背景噪声温度,W_s 是卫星的带宽宽度。

在本节中考虑两种主要的研究场景,偏远山区、郊区等基站稀疏部署场景和针用户数目和业务请求量较多的基站密集部署场景,并针对多种接入方法、资源管理、带宽分配和休眠方法进行分析,研究内容如表 7-1 所示。

表 7-1 卫星地面协作异构网络主要场景与服务方法

主要场景	服务方法	
稀疏网络	接入方法	开放访问(open access)基于信干噪比接入
	资源管理方法	集中式资源方法(CRMS)
		分布式资源方法(DRMS)
密集网络	接入方法	封闭访问(close access)基于业务类型接入
	带宽分配方法	基于用户数目的带宽分配方法(NBS)
		基于业务需求的带宽分配方法(RBS)
	休眠方法	随机休眠方法(RSM)
		基于业务的休眠方法(TBM)

7.2.1 接入方法

在稀疏网络中,用户密度较低,小基站部署的也较为稀疏,在此场景下更关注网络信噪比覆盖和系统的容量性能。用户同时保持与卫星和地面的控制面及业务面连接,并且业务面采用开放访问方法(Open Access),根据接收信号功率强度,选取卫星或地面实现业务面数据传输。考虑核心网关具有集中控制能力,通过调整地面小基站的接收信号功率偏置值 θ 来改变用户在业务面接入小基站或卫星的概率。因此其业务面接入方法可表示为

$$\begin{cases} \theta \dfrac{P_{tb}E[h_{tb}]}{r^\alpha} > P_{rs}, & 接入小基站 \\ \theta \dfrac{P_{tb}E[h_{tb}]}{r^\alpha} < P_{rs}, & 接入卫星 \end{cases} \tag{7-7}$$

式中,$\dfrac{P_{tb}E[h_{tb}]}{r^\alpha}$ 是地面通信网络的接收信号功率。为简化式(7-7),令 $\eta = \sqrt[\alpha]{\dfrac{\theta P_{tb}}{u P_{rs}}}$,可得化简结果,即为

$$\begin{cases} r < \eta, & 接入小基站 \\ r > \eta, & 接入卫星 \end{cases} \tag{7-8}$$

在密集网络中,由于小基站致密化部署,网络的覆盖性能相对较好。因此用户的服务质量(QoS,Quality-of-Service)成为了更加重要的考虑参数。在密集网络中考虑采用封闭访问,请求高速业务的人际通信用户 SUE 与对时延敏感的机器通信类用户 PUE 将接入地面小基站,而时延不敏感的机器通信类用户则接入卫星网络,封闭访问方法的业务转发分离和路由也是基于地面网关控制实现的。

7.2.2　资源管理方法

由于控制业务分离网络中，地面网关可根据网络情况进行集中控制，主要包括以下三种资源管理策略。

1. 控制与业务未分离网络资源管理方法

控制与业务未分离网络控制面和数据面尚未分离，用户的服务控制和数据传输均由地面小基站提供服务，由小基站提供用户的无线资源管理控制。

2. 分布式资源管理方法

在控制与业务分离网络汇总，业务面数据从核心网络路由至地面网关后，由地面网关直接路由至小基站，由小基站为用户进行数据包的调度和分发，此时卫星网络仅提供控制面的部分无线资源管理服务，保持 RRC 连接。

3. 集中式资源管理方法

利用地面网关的存储和计算能力，将地面网关作为统一的归属签约用户服务器和移动性管理实体，采用集中的资源管理方法，将核心网络路由到地面网关的数据流分别路由转发到地面小基站或发送到卫星，并通过调整偏置值 θ 调整两者的业务传输比例。卫星和地面小基站都为用户提供用户面的数据包分发和调度业务服务，而卫星完成其他的无线资源管理功能，为用户提供 RRC 连接。

7.2.3　带宽分配方法

带宽分配方法主要用于密集网络场景，其用户包括人际类通信用户和时延敏感的机器类通信用户两种，考虑如下的分配方法。

1. 基于用户数目的带宽分配方法

根据网络中用户的数目来分配基站带宽，时延容忍型机器类通信用户和人际通信用户按照用户数目均分基站带宽资源，某类用户数越多，该类用户占用的带宽资源越多。

2. 基于业务需求的带宽分配方法

根据用户请求的数据速率进行带宽分配，以用户的 QoS 需求速率作为带宽分配比例的依据。用户的 QoS 需求越高，则为该类用户分配的带宽越宽。

7.2.4　休眠方法

密集网络中，网络控制面的覆盖由卫星提供，而地面小基站的密集部署使得网络的用户面覆盖得到保障。由于基站的部署并非一定适配用户的业务需求，因此部分基站存在休眠的机会，主要考虑两种网络休眠方法。

1. 随机休眠

每个基站独立以一定的休眠概率 ζ 进行休眠。

2. 基于业务休眠

若没有用户连接至该基站，则基站进入休眠状态。

7.3　卫星地面协作稀疏网络接入控制理论和方法研究

上一节中介绍了高能效卫星地面协作异构网络的系统模型，介绍了网络架构、接入方法、资源管理、带宽分配和休眠方法。本节将针对稀疏网络场景,从理论上研究卫星地面协作网络接入控制理论和方法。卫星地面协作异构稀疏网络模型如图 7-2 所示。

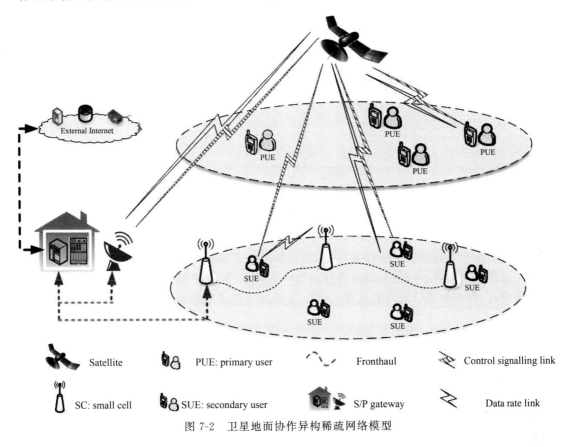

图 7-2　卫星地面协作异构稀疏网络模型

7.3.1　稀疏网络覆盖概率

将稀疏网络中的信噪比覆盖概率为网络性能的主要评估指标,采用开放式访问机制来研究网络的整体性能,忽略对用户本身特征的建模。信噪比覆盖概率建模为网络中任一选定用户的信噪比大于门限的概率。由于选取用户的随机性,该定义等效为网络中任意一点的信噪比大于门限的概率,或网络中用户接收信噪比大于门限的用户所占的比例,其定义式如下

$$P_{\text{cov}} = E_r\{P[\text{SINR}(r) > T]\} \tag{7-9}$$

式中,r 为用户到所连接基站或卫星的距离,T 为用户目标信噪比的参考门限。考虑经典的路径损耗因子为 4,根据经典的 PPP 分布理论,可得到不同用户接入方式下的网络覆盖概率。

（1）控制与业务未分离网络的覆盖概率

$$P_{\text{cov\_LTE}} = \cfrac{1}{1 + \sqrt{T}\left(\cfrac{\pi}{2} - \arctan\left(\cfrac{1}{\sqrt{T}}\right)\right)} \tag{7-10}$$

（2）卫星地面协作异构网络分布式资源管理方法的覆盖概率

$$P_{\text{cov\_DRMS}} = \cfrac{1}{1 + \sqrt{T}\left(\cfrac{\pi}{2} - \arctan\left(\cfrac{1}{\sqrt{T}}\right)\right)} \tag{7-11}$$

（3）卫星地面协作异构网络集中式资源管理方法的覆盖概率

$$
\begin{aligned}
P_{\text{cov\_CRMS}} &= P_{\text{cov\_SC}} + P_{\text{cov\_LEO}} \\
&= E_r(P[\text{SINR}_b > T \mid r])P(r < \eta) + E_r(P[\text{SINR}_s > T \mid r])P(r > \eta) \\
&= \int_0^{\pi\lambda_b\sqrt{\frac{P_{\text{tb}}\theta(4\pi d)^2 L}{P_{\text{ts}}\lambda^2 G_t G_r}}} e^{-v\left(1 + \sqrt{T}\left(\frac{\pi}{2} - \arctan(1/\sqrt{T})\right)\right)} \, \mathrm{d}v \\
&\quad + e^{-\pi\lambda_b\sqrt{\frac{P_{\text{tb}}}{P_{\text{ts}}\lambda^2}\frac{\theta}{}\frac{(4\pi d)^2 L}{G_t G_r}}} 1\left(\frac{P_{\text{ts}} G_t G_r \lambda^2}{(4\pi d)^2 L\sigma^2} > T\right)
\end{aligned}
\tag{7-12}
$$

此时网络覆盖概率由地面小基站提供的覆盖概率 $P_{\text{cov\_SC}}$ 和卫星的覆盖概率 $P_{\text{cov\_LEO}}$ 两部分构成，指示函数 $1(A)$ 用于指示事件 A 是否发生，若发生则值为 1，不发生则值为 0。

经分析可知，SINR 的覆盖概率在控制与业务未分离网络和采用分布式的资源管理方法的卫星地面协作异构网络中性能相同，因为两者在业务面均由地面小基站提供服务。而在集中式资源管理方法的卫星地面协作网络中，由于受到卫星参数的影响，调整接入方法中的关键参数，例如小基站的发射功率、密度，甚至是卫星通信网络中的大气损耗参数取值会使覆盖概率受到影响。当小基站部署的足够密集 $\lambda_b \to \infty$，则 $-\pi\lambda_b\sqrt{\dfrac{P_{\text{tb}}}{P_{\text{ts}}}\dfrac{\theta}{\lambda^2}\dfrac{(4\pi d)^2 L}{G_t G_r}} \to 0$，此时 $P_{\text{cov\_CRMS}} \approx P_{\text{cov\_DRMS}}$，因此业务面覆盖概率也趋近于 $\dfrac{1}{1 + \sqrt{T}\left(\dfrac{\pi}{2} - \arctan\left(\dfrac{1}{\sqrt{T}}\right)\right)}$，即就是由地面基站提供所有业务服务的覆盖概率，间接验证了推导的正确性。从第 2 章的实际数据分析的结论，在稀疏网络区域，如郊区地区，小基站部署并不密集，因此稀疏网络中采用集中式资源管理方法与分布式资源管理方法的网络覆盖概率并不相同。

7.3.2 稀疏网络的容量

1. 控制与业务未分离网络系统容量

在第 2 章的研究内容中，已利用 PPP 分布的特性，得到控制与业务未分离网络的容量，可作为本章研究所提资源管理方法的对比基础。根据泊松点过程分布特性，文献给出了单层网络小基站的下行速率的平均频谱效率约为 2.15 bit/s·Hz。根据 2.3 节结论，系统公共导频开销占比 $O_{\text{verhead\_LTE}}$ 约为 28% 计算，控制与业务未分离网络的容量可表示为

$$\text{Throughput}_{\text{LTE}} = (2.15 \text{ bit/s} \cdot \text{Hz})\lambda_b W_b(1 - O_{\text{verhead\_LTE}}) \tag{7-13}$$

2. 卫星地面协作异构网络分布式资源管理方法的系统容量

在分布式资源管理方法下，网络吞吐量即为小基站网络吞吐，考虑导频开销比例 $O_{\text{verhead\_b}}$ 趋近于 0，此时网络的吞吐量可表示为

$$
\begin{aligned}
\text{Throughput}_{\text{DRMS}} &= \text{Throughput}_{\text{b\_DRMS}} \\
&= \int_{t>0} \cfrac{\lambda_b W_b(1 - O_{\text{verhead\_b}})}{1 + \sqrt{e^t - 1}\left(\cfrac{\pi}{2} - \arctan\left(\cfrac{1}{\sqrt{e^t - 1}}\right)\right)} \mathrm{d}t
\end{aligned}
\tag{7-14}
$$

3. 卫星地面协作异构网络集中式资源管理方法的系统容量

采用集中式资源管理方法,地面基站层为用户提供数据传输的频谱效率为

$$
\begin{aligned}
\mathrm{SE}_{\mathrm{b\_CRMS}} &= E\{\log_2(1+\mathrm{SINR}_\mathrm{b} \mid r) \times P_{\mathrm{ro\_b}}(r < \eta)\} \\
&= E\left\{\log_2\left(1+\dfrac{P_{\mathrm{tb}}h_{\mathrm{tb}}r^{-\alpha}}{\sigma^2+\sum\limits_{b'\notin\Phi/\mathrm{b0}}\dfrac{P_{\mathrm{tb'}}h_{\mathrm{tb'}}}{r'^{\alpha}}}\right)\right\} \times \int_0^{\eta} f_r(r)\mathrm{d}r \\
&= \dfrac{1}{\ln 2}\int_{r>0}\int_{t>0} \mathrm{e}^{\frac{-ur^{\alpha}}{P_{\mathrm{tb}}}(\mathrm{e}^t-1)\sigma^2}\,\mathrm{e}^{-\pi\lambda_\mathrm{b}r^2(1+(\mathrm{e}^t-1)^{2/\alpha}\int_{(\mathrm{e}^t-1)^{-2/\alpha}}^{\infty}\frac{1}{1+x^{\alpha/2}}\mathrm{d}x)}\,2\pi\lambda_\mathrm{b}r\,\mathrm{d}r\,\mathrm{d}t
\end{aligned}
\tag{7-15}
$$

在干扰受限的地面无线网络中可忽略热噪声,路径损耗因子 α 取值为 4,可得地面小基站层容量为

$$
\begin{aligned}
\mathrm{Throughput}_{\mathrm{b\_CRMS}} = &\dfrac{\lambda_\mathrm{b}W_\mathrm{b}(1-O_{\mathrm{verhead\_b}})}{\ln 2} \\
&\cdot \int_0^{\infty}\int_0^{\pi\lambda_\mathrm{b}\eta^2} \mathrm{e}^{-v(1+\sqrt{(\mathrm{e}^t-1)}[\frac{\pi}{2}-\mathrm{arctan}(\frac{1}{\sqrt{(\mathrm{e}^t-1)}})])}\,\mathrm{d}v\,\mathrm{d}t
\end{aligned}
\tag{7-16}
$$

卫星通信系统频谱效率可表示为

$$
\begin{aligned}
\mathrm{SE}_\mathrm{s} &= E\{\log_2[1+\mathrm{SINR}_\mathrm{s} \mid r]P_{\mathrm{ro\_s}}(r > \eta)\} \\
&= E\left\{\log_2\left[1+\dfrac{P_{\mathrm{rs}}}{kT_{\mathrm{on\_earth}}W_\mathrm{s}} \mid r\right]\right\}\int_{\eta}^{\infty} f_r(r)\mathrm{d}r \\
&= \log_2\left\{1+\dfrac{P_{\mathrm{ts}}G_tG_r\lambda^2}{(4\pi d)^2 LkT_{\mathrm{on\_earth}}W_\mathrm{s}}\right\}\exp(-\pi\lambda_\mathrm{b}\eta^2)
\end{aligned}
\tag{7-17}
$$

本节中考虑单个卫星波束范围,不同波束间采用干扰协调机制,因此热噪声不可忽略,热噪声可表示为

$$
\sigma^2 = kT_{\mathrm{on\_earth}}W_\mathrm{s}
\tag{7-18}
$$

式中,k 是玻尔兹曼常数,取值为 $1.3806505\times10^{-23}\,\mathrm{J/K}$,$T_{\mathrm{on\_earth}}$ 为地面用户接收端的温度。由此可得卫星通信部分的网络容量可表示为

$$
\begin{aligned}
\mathrm{Throughput}_\mathrm{s} = &W_\mathrm{s}(1-O_{\mathrm{verhead\_s}}) \\
&\times \log_2\left\{1+\dfrac{P_{\mathrm{ts}}G_tG_r\lambda^2}{(4\pi d)^2 LkT_{\mathrm{on\_earth}}W_\mathrm{s}}\right\}\exp(-\pi\lambda_\mathrm{b}\eta^2)
\end{aligned}
\tag{7-19}
$$

式中,$O_{\mathrm{verhead\_s}}$ 为卫星的控制导频开销。

因此,在卫星地面协作异构网络集中式资源管理方法中,网络的容量由两部分组成,是地面小基站和低轨道移动卫星网络容量之和,即为

$$
\mathrm{Throughput}_{\mathrm{CRMS}} = \mathrm{Throughput}_{\mathrm{b\_CRMS}} + \mathrm{Throughput}_\mathrm{s}
\tag{7-20}
$$

7.3.3 稀疏网络能量效率

卫星通信的能耗由太阳能电池板的可再生太阳能能源支撑,相对于卫星正常运行时收割的可再生能源,发射卫星的单次能量消耗从网络性能的角度并未考虑在内。文献表明,网络中 80% 以上的能耗是在接入网络中产生的,因此未考虑用户端能耗。从网络性能分析的角度出发,影响网络能耗的因素主要包括基站的功耗,以及作为 HSS 和 MME 功能的地面网关的能耗。

1. 基站功耗

根据文献结论,基站的功率模型可建模为线性模型,可表示为

$$P_b = \alpha' P_{tb} + P_{b0} \tag{7-21}$$

式中,P_{tb} 为小基站发射功率,α' 是总随着发射功率增加而增长的相关系数,P_{b0} 是小基站的基础静态功率。

2. 网关功耗

地面网关在网络中主要有三个方面的作用:

(1) 计算和存储用户的归属地数据信息,并完成移动性信息管理功能;

(2) 将核心网需要分发的业务内容发射至卫星;

(3) 路由地面业务至核心网。

因此地面网关的能耗主要由三部分组成,表示为

$$P_{gateway} = P_{gtx} + P_c + P_{gbh} \tag{7-22}$$

式中,P_{gtx} 是将业务从核心网上行发射至卫星的功率消耗,根据链路预算公式可得

$$P_{gtx} = \frac{(2^{\mathrm{Throughputs}/W_g} - 1) \times k T_{\mathrm{on\_satellite}} W_g}{G'_t G'_r \lambda'^2 / (4\pi d)^2 L'} \tag{7-23}$$

式中,W_g 是地面网关的带宽,$T_{\mathrm{on\_satellite}}$ 是卫星接收端的热噪声温度,λ' 为卫星链路的上行波长,G'_t、G'_r、L' 分别是发送、接收端的天线增益和上行发射到卫星链路的大气衰落因子。地面网关的静态计算功耗可参照文献,而 P_{gbh} 指的是地面业务路由至核心网所消耗的功耗,其功耗可参照文献,表示为

$$P_{gbh} = \frac{\mathrm{Throughput}_b + SE_s \times W_s}{100\ \mathrm{Mbit/s}} \times 50\ \mathrm{W} \tag{7-24}$$

式中,$\mathrm{Throughput}_b$ 是地面小基站所发送的业务吞吐之和。

因此,根据网络能效的定义,可得到面向稀疏网络场景的卫星地面协作网络不同接入控制方法下的网络能效:

(1) 控制与业务未分离网络的网络能效

$$EE_{\mathrm{Sparse\_LTE}} = \frac{\mathrm{Throughput}_{\mathrm{LTE}}}{\lambda_b P_b + P_c + P_{gbh\_d}} \tag{7-25}$$

(2) 卫星地面协作异构网络分布式资源管理方法的网络能效

$$EE_{\mathrm{Sparse\_DRMS}} = \frac{\mathrm{Throughput}_{\mathrm{DRMS}}}{\lambda_b P_b + P_c + P_{gbh\_d}} \tag{7-26}$$

(3) 卫星地面协作异构网络集中式资源管理方法的网络能效

$$EE_{\mathrm{Sparse\_CRMS}} = \frac{\mathrm{Throughput}_{\mathrm{CRMS}}}{\lambda_b P_b + P_c + P_{gbh\_c} + P_{gtx}} \tag{7-27}$$

7.4 卫星地面协作密集网络资源管理理论和方法研究

本节中针对卫星地面协作异构网络对服务概率、吞吐量、能效等网络性能进行研究,考虑不同的资源管理方法、带宽分配方法、基站休眠机制对网络性能提升的影响。

7.4.1 密集网络服务覆盖率

在密集网络中,小基站保证了很好的网络速率和覆盖,因此用户的服务质量 QoS 成为更高的要求。网络的服务覆盖概率 $S_{cov}(U)$ 定义为网络中选取的任一用户的服务速率 R 高于目标速率门限 U 的概率:

$$S_{cov}(U)=P(R>U) \tag{7-28}$$

式(7-28)等效于网络中数据速率达到目标门限用户所占总用户的比例。卫星地面协作异构密集网络模型如图 7-3 所示。

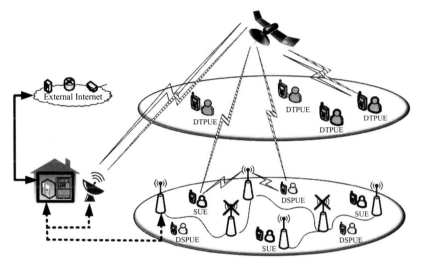

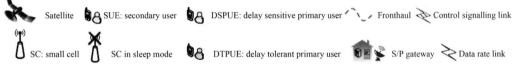

图 7-3 卫星地面协作异构密集网络模型

由于基站分布服从齐次空间泊松点过程分布,利用该分布的遍历性特征,将相邻基站中心连线的中垂线相连接,可得到划分基站覆盖区域沃罗诺伊图(Voronoi Diagram),文献给出基站覆盖区域面积大小的概率密度函数为

$$f_X(x)=\frac{3.5^{3.5}}{\Gamma(3.5)}x^{2.5}e^{-3.5x} \tag{7-29}$$

取任一用户,其所连接的小基站的用户总数定义为 N_b,其概率密度函数分布可利用 PPP 分布性质得到

$$
\begin{aligned}
P(N_b=n) &= \sum_{n\geq 1}\int_0^\infty P(N_{b'}=n-1\mid X=x)f_X(x)\mathrm{d}x \\
&= \int_0^\infty \exp\left(-\frac{\lambda_{bu}x}{\lambda_{b'}}\right)\frac{\left(\frac{\lambda_{bu}x}{\lambda_{b'}}\right)^{(n-1)!}}{(n-1)!}f_X(x)\mathrm{d}x \\
&= \frac{3.5^{4.5}(\lambda_{bu}/\lambda_{b'})^{(n-1)}\Gamma(n+3.5)}{\Gamma(4.5)(n-1)!(\lambda_{bu}/\lambda_{b'}+3.5)^{(n+3.5)}}
\end{aligned}
\tag{7-30}
$$

式中，$\Gamma(x)=\int_0^\infty \exp(-t)t^{x-1}\mathrm{d}t$ 是 Gamma 函数，$\lambda_b{}'$ 和 λ_{bu} 是单位平方千米内的小基站与用户密度。依据文献，平均任一基站的服务用户数的期望可简化为

$$E[N_b]=1+\frac{\lambda_{bu}}{\lambda_{b'}}E[C^2(1)] \tag{7-31}$$

$$=1+1.28\frac{\lambda_{bu}}{\lambda_{b'}}$$

式中，$E[C^2(1)]=1.28$。任一接入小基站的用户，其服务覆盖率表示为

$$S_{\mathrm{cov}}(U)=P(R>U)$$

$$=E_N\left[P\left(\frac{w_b}{N}\log_2(1+\mathrm{SINR})>U\right)\right]$$

$$\overset{(a)}{=}E_N[P_{\mathrm{cov}}(2^{\frac{UN}{w_b}}-1)] \tag{7-32}$$

$$\overset{(b)}{=}\sum_{n\geqslant1}p(N=n)P_{\mathrm{cov}}(2^{\frac{nU}{w_b}}-1)$$

$$=\sum_{n\geqslant1}\frac{3.5^{4.5}}{\Gamma(4.5)(n-1)!}\frac{(\lambda_{bu}/\lambda_{b'})^{(n-1)}\Gamma(n+3.5)}{(\lambda_{bu}/\lambda_{b'}+3.5)^{(n+3.5)}}\pi\lambda_{b'}\int_0^\infty e^{-\pi\lambda_{b'}v[1+\rho(2^{\frac{nU}{w_b}}-1,a)]}\mathrm{d}v$$

式中，$\rho(T,a)=T^{2/a}\int_{T^{?/a}}^\infty\frac{1}{1+m^{a/2}}\mathrm{d}x$，$(a)$ 式中采用了覆盖概率的定义，(b) 式则根据期望的定义对表达式进行展开。α 是路径损耗因子，小基站的可用带宽为 w_b。

密集网络场景中，考虑机器类通信用户和人际类通信用户的速率请求差异，定义两者的 QoS 速率门限 U 分别取值为 U_{PUE} 和 U_{SUE}。

1. 小基站平均服务概率

考虑所有小基站都具有均等的负载，路径损耗因子 α 取值为 4，地面通信网络为干扰受限网络，可忽略高斯加性白噪声，利用文献所述特性 $E_N[S(N)]\approx S(E[N])$，推导得出如下结论

$$\overline{S}_{\mathrm{cov}}(U)=P_{\mathrm{cov}}(2^{\frac{E[N]U}{w_b}}-1) \tag{7-33}$$

$$=1/\{1+v[\pi/2-\arctan(1/v)]\}$$

$$v=\sqrt{2^{(1+1.28\frac{\lambda_{bu}}{\lambda_{b'}})\frac{U}{w_b}}-1} \tag{7-34}$$

由此可见，地面为用户提供数据传输的服务概率与用户请求业务的 QoS 需求 U，基站与用户的相对比例，以及基站的带宽相关。

2. 卫星平均服务概率

设卫星覆盖的点波束的面积为 A_s，N_s 个用户接入带宽为 w_s 的网络，λ_{su} 是卫星在业务面服务的每平方千米的用户数目，卫星的服务概率表示为

$$S_{\mathrm{cov2}}(U)=E_{N_s}\left[P\left(\frac{w_s}{N_s}\log_2(1+\mathrm{SNR})>U\right)\right]$$

$$=\sum_{n\geqslant1}\frac{(\lambda_{su}A_s)^n}{n!}e^{(-b\lambda_{su}A_s)}P(\gamma>2^{\frac{Un}{w_s}}-1) \tag{7-35}$$

$$=1-\sum_{n\geqslant1}\frac{(\lambda_{su}A_s)^n}{n!}e^{(-b\lambda_{su}A_s)}F_{\gamma_{sd}}(2^{\frac{Un}{w_s}}-1)$$

利用陆地移动卫星 LMS 信道特征,瞬时信噪比的累计分布函数可直接带入式(7-35),卫星平均服务概率表示为

$$\overline{S}_{cov2}(U) = 1 - A_0 \left(\frac{2^{\frac{U\lambda_{su}A_s}{w_s}} - 1}{\gamma_{sd}} \right) {}_1F_1 \left(m, 2, B_0 \frac{2^{\frac{U\lambda_{su}A_s}{w_s}} - 1}{\gamma_{sd}} \right)$$
$$- \frac{A_0\Omega}{4b_0} \left(\frac{2^{\frac{U\lambda_{su}A_s}{w_s}} - 1}{\gamma_{sd}} \right)^2 {}_2F_2 \left(2, m; 3, 1; B_0 \frac{2^{\frac{U\lambda_{su}A_s}{w_s}} - 1}{\gamma_{sd}} \right) \tag{7-36}$$

在密集网络中卫星的信道模型采用了 LMS 模型,可更加精准地反映了业务的特征和 QoS 的门限需求,与稀疏网络中所用的简单的信道模型相比更能反映用户的业务需求对网络的影响。

7.4.2 密集网络吞吐量

用户在密集网络中成功传输的吞吐量定义如下

$$T(U) = E[R \mid R > U] \tag{7-37}$$

式中,R 为用户实现的速率,U 是该类用户的 QoS 速率需求门限。利用泊松分布的性质,用户成功传输的吞吐量可表示为

$$\overline{T}(U) = U + \frac{1}{\theta \ln 2} \int_{2^{\theta U}-1}^{\infty} \frac{P_{cov}(y)}{P_{cov}(2^{\theta U} - 1)(1 + y)} dy \tag{7-38}$$

式中,$\theta = E[N]/w$ 是单位可用带宽服务的用户数,$E[N]$ 为网络服务的活跃用户的总数,w 是网络可用带宽,在卫星和地面通信中分别为 w_b 和 w_s。因此在地面通信网络为任一用户服务的成功传输速率为

$$\overline{T}_b(U) = U + \frac{1}{\theta \ln 2} \int_{2^{\theta U}-1}^{\infty} \frac{1 + \sqrt{(2^{\theta U} - 1)} \{\pi/2 - \arctan[1/\sqrt{(2^{\theta U} - 1)}]\}}{1 + \sqrt{y} (\pi/2 - \arctan(1/\sqrt{y}))} \frac{1}{1 + y} dy \tag{7-39}$$

在卫星通信网络中卫星为典型用户服务的成功传输速率为

$$\overline{T}_s(U) = U + \frac{1}{\theta \ln 2} \int_{2^{\theta U}-1}^{\infty} \frac{1 - F_{rsd}(y)}{1 - F_{rsd}(2^{\theta U} - 1)} \frac{1}{1 + y} dy \tag{7-40}$$

式中,$F_{rsd}(\gamma)$ 函数由 LMS 信道特征决定,用户的 QoS 门限 U 分别对机器类通信和人际类通信用户取值为 U_{PUE} 和 U_{SUE}。因此网络中的任一小基站的平均成功传输吞吐量可以表示为

$$\overline{T}_{h\_b} = E[N_b]\overline{S}_{cov}(U)\overline{T}_b(U) \tag{7-41}$$

地面通信网络的平均成功传输吞吐量为所有小基站平均吞吐量之和,即为

$$\overline{T}_{hb\_all} = \lambda_{bu}A_s\overline{S}_{cov}(U)\overline{T}_b(U) \tag{7-42}$$

卫星网络的平均成功传输吞吐量可以表示为

$$\overline{T}_{hs} = \lambda_{su}A_s\overline{S}_{cov2}(U)\overline{T}_s(U) \tag{7-43}$$

7.4.3 密集网络能量效率

卫星地面协作异构网络的功耗主要包括基站的发射功率、静态功率、地面网关的处理功率、回传功耗和发送至卫星的功耗。整个网络能效为单位功耗成功传输速率,即

$$EE_h = \frac{\overline{T}_{hb\_all} + \overline{T}_{hs}}{\lambda_{b'} A_s P_b + P_c + P_{gbh} + P_{gtx}}$$ (7-44)

若采用随机休眠方法(RSM)，任一基站以相同的概率随机休眠，因此等效于将小基站的密度稀释，成为等效密度为 $\zeta\lambda_{b'}$ 的泊松点过程分布。若采用基于业务的休眠方法(TBM)，由泊松分布性质，小基站休眠的概率可表示为

$$\zeta = (1 + 3.5^{-1}\lambda_{bu}/\lambda_{b'})^{-3.5}$$ (7-45)

即为小基站覆盖范围内没有活跃用户的概率。可推导得出采用基于业务的休眠方法后的服务覆盖率可表示为

$$\overline{S}_{cov\_TBM}(U) = 1/\{1 + (1-\zeta)v[\pi/2 - \arctan(1/v)]\}$$ (7-46)

$$v = \sqrt{2^{(1+1.28\frac{\lambda_{bu}}{\lambda_{b'}})\frac{U}{w_b}} - 1}$$ (7-47)

随着小基站密度的增长 $\lambda_{b'} \to \infty$，基站的休眠概率逐步增加，$v \to \sqrt{2^{\frac{U}{w_b}} - 1}$，业务服务覆盖率 $\overline{S}_{cov\_TBM}(U) \to 1$，服务覆盖率随着小基站密度的升高而升高。

7.5 仿 真 验 证

仿真参数设置如表 7-2 所示，地面通信系统的参数由文献给出，卫星相关参数可参考文献，在地面通信网络小基站的部署频率为 3.5 GHz，低轨道通信卫星所采用的频段为 S 频段(2～3 GHz)，网关发射给卫星的上行信道的频段为 C 频段(6 GHz)，网关处采用 2 m 的天线进行发送。

表 7-2 卫星地面协作异构网络仿真参数设置

类别	仿真参数	数 值	仿真参数	数 值
卫星	有效全向辐射功率 $P_{ts}G_t$	54.4 dBW	带宽 w_s	30 MHz
	卫星波长 λ	137 mm	接收天线增益 G_r	0 dB
	卫星高度 d	1000 km	大气损耗因子 L	0 dB
	卫星温度 $T_{on\_satellite}$	26 dBK		
基站	基站密度(稀疏网络)	1～40	基站密度(密集网络)	1000～5000
	发射功率 P_{tb}	0～4 W	基础功率 P_{b0}	28.7 W
	功放系数 α'	16	带宽 w_b	10 MHz
	地面温度 T_{on_earth}	290 K	瑞利衰落信道均值 u	1
	信噪比门限 T	0 dB		
	偏置值 θ	−125 dB，−145 dB，−165 dB		
网关	上行信号波长 λ'	50 mm	带宽 W_g	10 MHz
	发射天线增益 G'_t	40 dB	接收天线增益 G'_r	16 dB
	基础功率 P_c	355 W	大气损耗 L'	0 dB

在本小节中，针对一个卫星地面协作异构网络，首先给出了在稀疏网络中对于卫星地面协作网络接入控制理论与方法的验证，而后对密集网络中的资源管理理论与方法进行了分析。

7.5.1 稀疏网络性能分析

所研究的卫星地面协作异构网络在不同资源管理方法下的覆盖概率。控制与业务未分离网络、分布式资源管理方法 DRMS 与集中式资源管理方法 CRMS 的覆盖概率如图 7-4 所示。

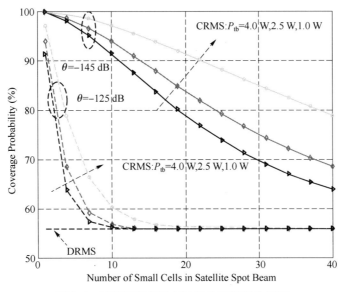

图 7-4 不同资源管理方法下的网络覆盖概率

其中由于卫星地面协作异构网络中的分布式管理方法中，仅有小基站为用户的业务面发送数据，因此与控制与业务未分离网络的覆盖概率相同。在分布式资源管理方法 DRMS 下，由于用户接收到的有用信号和干扰同时增大，网络的信噪比不发生变化，地面小基站的密度和基站发射功率不影响网络覆盖概率。

而对于集中式资源管理方法 CRMS，由于卫星与地面基站协作，使得用户的接收信噪比得以提升，其业务面的覆盖性能都很明显优于分布式资源管理方法。降低小基站的密度、接入偏置值和小基站发射功率，都将提升地面用户接入卫星的概率，可以明显增加网络的整体覆盖性能。在稀疏网络小基站密度较低时（每个卫星点波束中小基站个数为 $\lambda_b = 5$），集中式资源控制方法可较分布式资源控制方法提升网络覆盖概率达 57%。

在稀疏网络中，采用集中式资源管理方法 CRMS，地面网关可通过调整接入偏置 θ，调整用户在业务面接入卫星或小基站的概率。如图 7-5 所示，基站密度较低时，在 CRMS 方法下，由于卫星的频谱资源得到有效利用，频谱效率有显著的提升。但随着小基站密度的增加，网络的频谱效率逐步降低，趋于地面通信网络的频谱效率。

另一方面，从图 7-5 可知，接入偏置值在不同的小基站密度下对网络覆盖性能的影响差异很大。在接入偏置值较小时（$\theta = -165$ dB），用户几乎无法接入小基站，因此网络在小基站密度增加的过程中覆盖性能显著下降。同样的，在偏置值较大时（$\theta = -125$ dB），用户又无法顺利接入卫星，网络性能在小基站密度较低时受到明显影响。因此选取一个合适的偏置值（例如 $\theta = -145$ dB），可有效同时利用卫星和地面基站的接入资源，提升频谱效率。偏

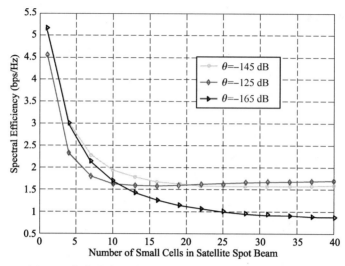

图 7-5　集中式资源管理方法下不同接入偏置的频谱效率

置值的绝对值较小,是因为卫星离地面较远,信道模型都经过了精简,小基站的信道参数和路径损耗因子都反映在偏置值中。用户接入卫星并非是干扰受限网络,因此虽然接收功率参考信号 RSRP 的绝对值也较小,信噪比却可能比地面小基站为用户提供的业务面覆盖信干比的取值更高。

在适中的接入偏置下($\theta = -145$ dB),分别采用集中式资源管理方法 CRMS 与分布式资源管理方法 DRMS,在不同小基站的部署密度和发射功率下的网络能效如图 7-6 所示。随着小基站密度的增高,采用 DMRS 方法的网络能效因吞吐量的不断增大而升高,而后由于静态功率的同比增加而趋于定值。而采取 CRMS 方法,网络能效在小基站密度较低时达到最高值,这是由于卫星的运转能耗由回收太阳能作为可再生能源提供,而卫星的带宽资源得到充分利用,使得网络的吞吐量得到显著提升带来的提升。随着地面小基站部署的密度增加,CRMS 方法中卫星网络带来的增益逐渐降低,网络能效随之减小,而后和控制与业务未分离网络的网络能效趋于同一定值,同时可以看出,网络能效随小基站发射功率的升高而降低。

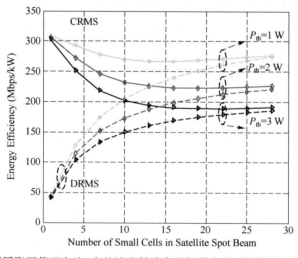

图 7-6　不同资源管理方法、小基站发射功率及部署密度对网络能量效率的影响

采用卫星地面协作异构网络接入控制方法,充分利用卫星在容量和覆盖上的优势,在集中式资源控制方法下,可较控制与业务未分离网络显著提升网络能效,在小基站部署密度较低的稀疏网络(例如每个卫星点波束中小基站个数为 $\lambda_b=5$),网络能效提升比例可达约 40%。

卫星地面协作异构稀疏网络在集中式资源管理方法下的频谱效率与能量效率存在折中关系,如图 7-7 所示。随着小基站发射功率的升高,频谱效率逐步提升,而能量效率却先基本不变而后显著降低。利用两者之间的折中关系,则可在选取小基站发射功率时同时兼顾频谱效率与能量效率的性能。例如在卫星点波束小基站部署个数为 $\lambda_b=40$ 时,相比于使频谱效率达到最大的小基站功率配置,采用稍低的小基站发射功率($P_{tb}=0.5$ W)可提升能量效率 90% 以上,而仅降低约 3% 的频谱效率。

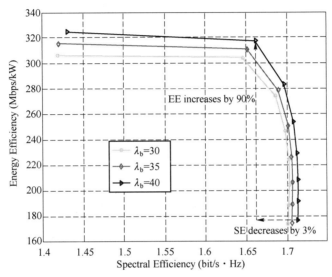

图 7-7 集中式资源管理方法下频谱效率与能量效率的折中关系

综上所述,研究卫星地面协作稀疏网络接入控制理论和方法,主要结论总结如下:

(1)卫星与地面的协作网络可充分利用卫星的频带资源和覆盖优势,采用所提的集中式资源控制方法可实现更高的频谱效率,提升网络覆盖概率约 57%;

(2)选取适中的接入偏置,可有效提升频谱效率,充分利用卫星与地面基站的带宽资源;

(3)相较控制与业务未分离网络,所提出集中式资源控制方法可实现约 40% 的能量效率增益;

(4)卫星地面协作网络中,合理调整网络配置可有效利用系统频谱效率与能量效率的折中关系,在合理调整发射功率的值的条件下,可使网络频谱效率在仅降低 3% 的情况下,有效提升网络能效达 90%。

7.5.2 密集网络性能分析

在密集网络中基站数量庞大,并且由于用户的空时动态性,在某一时刻基站处于空闲状态的概率较高。因此在分析密集网络的性能时主要研究业务覆盖性能,业务吞吐量,能效与基站的休眠、激活方法。

考虑 LEO 卫星点波束覆盖范围是以 200 km 为半径的圆形区域,基站部署密度从每平方千米 1000 个到每平方千米 5000 个的范围内变化,基站半径甚至小于 10 m。机器类终端 PUE 与人际通信类终端 SUE 的典型 QoS 请求速率门限分别为 1.6 kbit/s 与 160 kbit/s,PUE 与 SUE 的激活率分别为 2% 与 25%,典型业务量情况下,PUE 和 SUE 用户数量分别为每平方千米 460 个与 500 个,高负荷业务量的极限情况下,激活的人际类通信用户数量高达每平方千米 25000 个。

图 7-8 和图 7-9 分别给出了典型业务需求和超负荷业务需求下,卫星地面协作异构网络的不同带宽分配方法的能量效率。图 7-9 中假设 500 个用户为人际型通信业务用户 SUE,业务需求较高。随着基站密度的增加,网络吞吐量的增长慢于基站功耗的增长,网络能效逐渐降低。同时可以看出,由于卫星的辅助,卫星地面协作异构网络的网络能效较控制与业务分离网络能效仅有小幅提升(5% 左右)。从不同带宽分配方法来看,采用基于业务量请求的带宽分配方法 RBS,较基于用户数目的带宽分配方法 NBS 具有更大的网络能效,因为基于带宽的分配方法使得更多的带宽资源分配给了人际类通信业务,获取了更高的网络吞吐。

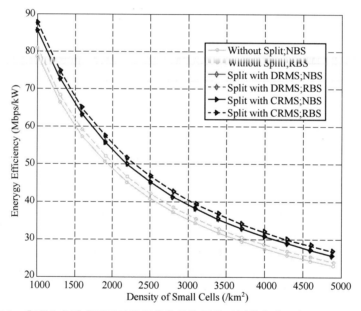

图 7-8　典型业务需求下卫星地面协作异构网络不同带宽分配方法的能量效率

图 7-9 给出了在超负荷业务需求下卫星地面协作异构网络不同带宽分配方法的能量效率,设置人际通信类用户 SUE 的密度为 25000 个每平方千米。此时网络能效随着小基站密度的增加而先增加后降低,峰值的出现体现出网络吞吐量与能耗之间的折中关系。由于在基站密度尚低时网络业务负荷超载,基站密度的增加使得业务需求得到满足,吞吐量的增长快于能耗增长,网络能效得到有效提升。但随后由于基站密度过大,基站带来的能量消耗超过了网络业务速率增长的速度,网络能效随之降低。

通过图 7-8 和图 7-9 可见,在卫星地面协作网络中,将部分时延不敏感的用户业务卸载至卫星服务,得来的吞吐量提升非常有限(约 3%),集中式资源调度 CRMS 较分布式服务 DRMS 不能有效提升网络能效。这个结论与稀疏网络中差别很大,这是因为在密集网络中

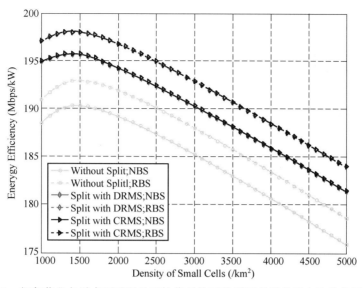

图 7-9　超负荷业务需求下卫星地面协作异构网络不同带宽分配方法的能量效率

卫星的带宽资源相对于地面小基站的带宽资源显得非常有限，为时延不敏感的机器类通信类业务服务，不仅无法带来网络吞吐量的大幅提升，还带来地面网关更高的网络能耗开销。

图 7-10 给出了卫星地面协作异构网络典型业务量（每平方千米 500 个活跃用户场景下）的网络能量效率，其中人际通信类用户 SUE 的业务 QoS 需求设置为 160 kbit/s，采用随机休眠方法 RSM（RSM low 为小基站以 5% 的低休眠概率随机休眠，RSM high 为小基站以 15% 的较高休眠概率随机休眠），相对于不进行休眠（Without On-off）时的网络的能量效率更高。

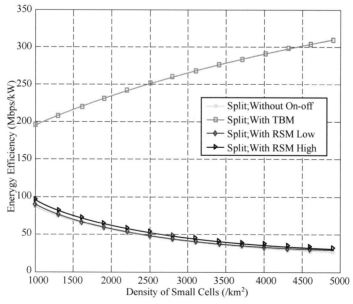

图 7-10　卫星地面协作异构网络典型业务量的网络能量效率

值得注意的是,采用基于业务负载的休眠方法 TBM,网络能效较随机休眠的方法的网络能效可以得到明显提高。这是由于 TBM 休眠方法不影响用户的接入选择,当用户选择最佳服务基站后,将空载的基站关闭休眠,既能降低了网络整体的干扰水平,又可以降低能耗。随着小基站数目的增加,随机休眠方法下网络能量效率由于干扰严重而逐步降低,而基于负载的休眠方法网络能效反而随之升高,这是由于可进入休眠状态的小基站更多,用户距离最佳服务基站的距离缩短,提升了网络吞吐量,同时更多的基站出现空载后进入休眠状态,进而有效提升了网络能量效率。

考虑业务负载为每平方千米 25000 个激活的人际通信类 PUE 用户,图 7-11 给出了卫星地面协作异构网络超负荷业务量下不同休眠方法能量效率。较控制与业务未分离网络系统,采用基于业务负载的休眠方法可提升网络能量效率达 12%。由于用户数目更多,小基站密度的增加会先带动网络的能量效率的提升,而后由于基站的能耗上升,网络能效随之逐步下降。

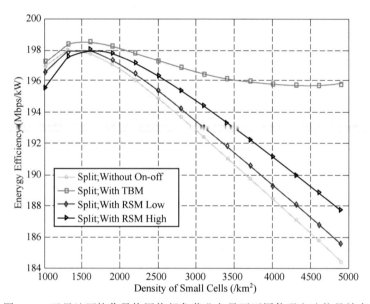

图 7-11 卫星地面协作异构网络超负荷业务量下不同休眠方法能量效率

休眠是在卫星地面协作密集网络中有效提升网络能效的手段,较控制与业务未分离网络而言,在卫星地面协作网络中可充分利用卫星的广域覆盖性能,在业务量较低的典型场景中,基于业务负载的休眠方法(TBM)将无业务请求的基站关闭,由此可带来网络能效 80% 的提升;较随机关闭基站(RSM)方法,TBM 方法基于基站业务请求适时关闭,可最大限度地提升网络能效;当用户数目较少且具有较高 QoS 需求时,TBM 休眠方法随着小基站密度升高而先降低后升高,当用户数目较多且具有较高 QoS 需求时,网络能效在不同休眠方法下的差别不大。

不同休眠方法下的网络服务覆盖概率如图 7-12 和图 7-13 所示,与 7.4 节理论分析一致,基站部署越密集,用户的覆盖性则越好;较随机休眠方法而言,TBM 方法可保证覆盖的性能,小幅提升网络能效。如图 7-12 所示,在典型业务负载下,网络采用基于业务负载的休眠方法(TBM)可提升网络的服务覆盖概率,因为其在保证用户接入最优基站的同时关闭了空闲基站,提升了网络信噪比的平均性能。在超负荷业务负载下,如图 7-13 所示,TBM

方法的网络服务覆盖概率提升效果则不明显,因为此时基站的休眠机会非常有限。TBM方法不仅可以提升网络能效,而且在典型业务和高负荷业务情况下,覆盖性能与不采用任何休眠的网络性能一致,在保证网络的覆盖性能的同时提升网络能效。

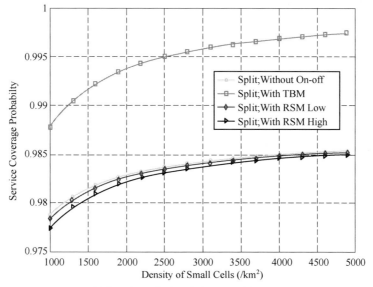

图 7-12　卫星地面协作异构网络典型负荷下不同休眠方法的服务覆盖概率

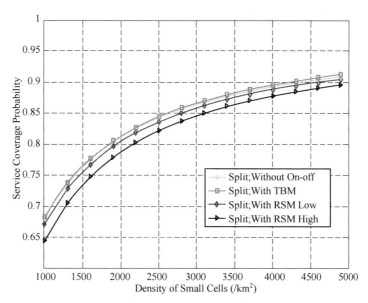

图 7-13　卫星地面协作异构网络超负荷下不同休眠方法的服务覆盖概率

综上所述,卫星地面协作密集网络资源管理主要的结论可以总结如下:

(1) 卫星与地面的混合网络可充分利用卫星的控制面广覆盖优势,提升覆盖区域内小基站的休眠概率,以此降低网络能耗;

(2) 在卫星地面协作密集网络中,采用业务卸载的集中式资源管理方法 CRMS 较分布式资源管理方法 DRMS 没有明显的网络能效提升;

（3）采用基于业务需求的带宽分配方法比基于用户数目的带宽分配方法的网络性能更优；

（4）利用控制面与业务面分离网络，采用小基站基于业务负载的休眠方法，不仅可以提升网络能效，还将有效地保证网络业务面的服务覆盖概率。

7.6　小　结

本章将控制与业务分离的网络设计思路拓展到卫星地面协作网络中，利用卫星的广域覆盖和地面基站、网关的协作，研究了多种卫星地面协作异构网络资源管理方法。在卫星地面协作稀疏网络中，考虑到小基站部署的密度较低，卫星不仅要保证控制面的广域覆盖，还可利用自身带宽协助地面小基站实现业务面传输。通过设计集中式资源管理方法与分布式资源管理方法，对接入控制方法进行了研究，从理论上得到了网络覆盖概率、网络容量和网络能效与用户接入偏置、基站发射功率、部署密度之间的关系，并印证得到卫星地面协作网络比控制与业务未分离网络可有效提升网络覆盖 70%。通过合理调整小基站发射功率，在仅牺牲 3%的频谱效率的前提下可换得 90%的网络能效提升。在卫星地面协作密集网络中，考虑到地面小基站的密集部署，网络的覆盖和吞吐量已基本得到保障，卫星主要可提供地面用户的控制面连接，并及时通过地面网关唤醒休眠基站，使得小基站可实现按需适度休眠。通过对异构网络的资源管理、带宽分配和休眠方法等网络资源管理方法的研究，得出了服务覆盖率、网络吞吐量和网络能量效率的理论表达式，相比于控制与业务未分离网络，卫星地面协作网络可通过增加小基站休眠机会而大幅提升网络能效，同时借助卫星的广域覆盖保证用户的覆盖性能不受影响。通过对稀疏网络和密集网络的研究表明，卫星地面协作网络可针对网络场景的差异采用不同的接入控制、资源管理、带宽分配和休眠方法，均能较控制与业务未分离网络有效提升覆盖性能及网络能效，协作网络将成为未来 5G 通信网络中的重要组成部分。

第8章 卫星地面融合网络回程与切换

回程指的是线路的回返路线,即从用户侧向服务侧传回数据的通信线路。随着通信网络的高速发展,回程网络的业务模式已经由单一的语音业务发展为多样的数据业务,这些数据的业务量在持续增大,因此各大运营商回程网络的承载主体也发生了变化。为了缓解地面回程网络的压力,充分利用卫星回程网络的优势,研究者提出卫星地面融合网络回程方案。在这一方案中,卫星网络的容量可以补充地面的回程设施,还可以为难以到达的地区提供服务,还可以更有效地将业务传输到无线接入网节点,增强系统弹性和性能,更好地支持快速、临时的单元部署和移动单元。

8.1 卫星地面融合回程网络优点

传统上,使用卫星作为通信手段的主要是卫星限制区域(比如,在不能选择地面替代方案的地区专门使用卫星网络)和电视市场。伴随着卫星领域的技术进步,相比于其他通信服务,卫星宽带服务越来越有吸引力。比如在地球静止轨道中使用高通量卫星正在改变市场中容量的推广方式,使得每比特传输价格逐渐降低。

随着第五代蜂窝通信的出现,运营商正在寻找有效的解决方案,以满足在有限的时延内大量增加的流量需求。在过去几年中,卫星电信业已经从传统的直接广播转移到了与地面 5G 网络结合。覆盖范围扩展、数据分流和服务连续性是卫星可以提供的关键补充方面,这要求地面运营商与卫星运营商之间建立更多的合作伙伴关系并进行整合。卫星网络将成为下一代蜂窝网络(5G)的补充组成部分,这种趋势是在卫星网络的高覆盖能力和蜂窝网络的大量连接能力通过各种新颖方式(即物联网、边缘和云计算、大数据等)结合起来的情况下发生的。

卫星地面融合回程网络的优点包括:提供基于业务的可伸缩性、灵活性和先进性的广播服务;提供一种到大型区域的长距离连接的有效办法;使移动运营商(Mobile Network Operator,MNO)摆脱投资成本限制和减轻光纤负担。作为回程替代方案,视距(Line-of-Sight,LoS)传输的卫星链路可用于将接入网中移动业务直接中继到核心网(Core Network,CN)中,无须经过多次路由跳跃。卫星通信的这些好处不仅可以改善农村和偏远地区通信服务,还在城市的高流量需求期间作为扩展带宽链路提供备用的回程解决方案。卫星通信在未来通信网架构中最明显的应用是在网络的回程段。

最近研究者提出了一种无缝集成的卫星-地面回程网络的概念,该网络能够根据业务需求充分利用地面与卫星链路,从而提高移动无线回程网络的容量。同时,随着流量需求不断增长,通过频谱资源管理来更好地满足通信需求成为回程运营商的主要研究方向,这需要运营商加速部署混合回程网络的频段。在这种情况下,欧洲邮政和电信管理局会议已经允许卫星回程网络与 17.7~19.7 GHz 频带中的地面无线回程网络共存。

随着科学、商业、教育和娱乐领域的各种应用,对高容量和宽带接入的需求不断增长,卫星通信系统作为支持互联网服务的未来网络不可或缺的回程部分,将在宽带网络中扮演重要角色。但是,由于频谱分段和标准化地面无线系统的专用频率分配,频率资源变得稀缺,因此在现代卫星系统中采用了较高的频段,例如 Ku、Ka 和 Q/V 波段。因此,研究未来的混合卫星-地面网络架构的新功能变得至关重要,它将具有支持更高的系统吞吐量的能力,同时提供大规模的覆盖范围。

将卫星容量用于移动回程是将卫星组件集成到地面移动基础架构中最引人注目的架构。卫星的多播性质使得可以使用主动缓存进行内容放置,以减轻地面回传的负担并减少通信延迟。在这种情况下,多组多播用作以规则间隔(例如,一整夜)有效地更新已部署的缓存服务器的本地存储的手段。这种缓存用例是最有前途的用例之一,它证实了将卫星部分融合到未来回程网络中的好处。移动回程网络的架构特征在于大量中小型站点连接到集中式汇聚点,负责集中流向移动网络运营商核心网络的流量。基于 DVB-S2X(2014 年的新传输标准)的 VSAT 调制解调器可以分别在上行和下行信道中提供高达 200 Mbit/s 和 75 Mbit/s的吞吐量。将卫星组件无缝集成到移动回程网络中的优点有:

(1) 扩展移动服务覆盖的区域。低成本的卫星回程网络以及小型基站的发展为 MNOs 扩张无线接入网络提出了一个效益很高的方案,以便 MNO 在地面网络服务不足的地区(例如,农村和边远地区)或根本无法提供服务的地区(例如,海上或航空服务)提供网络服务。

(2) 提升 RAN 侧节点的流量传输效率。卫星网络与地面网络结合使用时,卫星链路可以用于流量溢出的区域,当地面回程链路负载超过使用阈值并接近拥塞水平时,可以通过卫星回程链路来传输过量的业务,从而避免地面链路的拥塞。更具挑战性的是如何使用卫星组件来实现更智能的流量卸载和跨地面和卫星回程组件的负载均衡策略。例如,卫星链路可以用于以更节省资源的方式卸载多个小区站点的多播/广播业务(例如 RAN 上的缓存内容,通过 RAN 进行多播的电视实况流)。

(3) 增强回程网络弹性。卫星链路可用于提高移动回程网络的可用性和弹性。卫星服务可以提供额外的带宽,将备用的卫星连接到关键的蜂窝基站节点,以将流量从流量过载的区域转移,从而可以在高峰时段补充其他地面链路的有限容量,在完全/部分故障或维护的情况下甚至可以替换掉地面链路。

(4) 增强小区部署的灵活性。临时部署要求设备是便携式的,并且可以快速安装和调试,以提供或恢复用于特殊事件或灾难恢复的必要通信基础结构。在运输设施内部署小型蜂窝小区(例如在公共汽车、火车、飞机内的小型蜂窝小区)也是一个有效地方案,对回程容量进行灵活的管理,这也可以部分或者完全依赖卫星通信网络。

最近,学术界、标准化机构和行业已经开始进行基于卫星的通信与 5G 蜂窝网络集成的研究,其中包括许多安全性、法规和技术挑战。标准制定组织(SDO,Standards Development Organization)以及相关研究者和工业项目正在研究各种使卫星通信可能集成到地面蜂窝基础设施中的架构研究。3GPP 组织主要集中于研究 NR(New Radio)-Uu 通过卫星网络连接到基站的方式。在 3GPP 最近启动的第 16 版技术要求文档,该文档研究了支持非地面网络 NR 的解决方案,这标志着基于卫星的回程通信正在兴起。H2020 SANSA 项目研究了卫星组件与地面网络的无缝融合。同样,H2020 项目 Sat5G 研究了具有成本效益的 SNO 卫星基础设施的"即插即用"集成与基于地面 3GPP 的 MNO 基础设施的回程连接的解决方案,以实现无所不在的 5G 覆盖;SATis5 项目强调了卫星技术在 5G 主要用例中的优势。

8.2　卫星地面融合回程网络关键技术

在未来星地融合网络中,为了满足数据流量需求的爆炸式增长,会普遍采用超密集组网技术,网络密集化使得无线接入点的能力大大增强,对回程的需求也大大提高,这使得回程链路成为整个网络的传输瓶颈。在具有无线回程的超密集网络中,用户体验主要受回程能力的限制。这就需要卫星和地面中的无线回程链路和无线接入链路的一体化设计和联合优化,以实现对有限的无线资源进行合理的分配,从而消除无线回程问题。

8.2.1　无线资源管理

长期以来,无线通信网络中的无线干扰一直是主要的研究挑战。在卫星地面融合回程网络中,由于地面与卫星复用同一频段,这种无线干扰的问题更加突出。有许多文献对此进行深入研究,比如利用多天线收发器的空间划分来减少干扰等。不过这一方法也存在不足,天线设施越先进,部署越多就代表硬件成本越高。一种更经济的方法是从无线资源管理(RRM,Radio Resources Management)的角度出发来解决干扰问题。该方法基于中央控制器中运行的软件模块,对回程网络基础设施的投资相对较低,并且运营成本最低。

集成的卫星-地面无线回程网络的未来趋势是使两个系统能共享同一频谱,以提高整体频谱效率并满足未来的容量需求。这些频谱共享条件迫使两个系统在资源分配过程中都要考虑干扰因素。如前所示,对于在 Ka 波段运行的卫星,可以考虑两种主要的共享方案:卫星下行链路和卫星上行链路方案。地面链路之间的干扰与卫星通信无关,并且是因为高度的频谱复用才出现的。通常情况下,由于当前卫星符合预定义的功率密度限制,因此忽略了卫星对地球的干扰。在上行链路情况下,从卫星终端发射器到地面接收器的干扰正在成为主要的干扰源。

通常,地面和卫星融合网络的资源分配被认为是一个崭新的研究领域,大部分已发表的论文都集中在移动卫星服务(MSS,Mobile Satellite Service)上,MSS 是旨在与移动和便携式无线终端一起使用的卫星通信网络。也有论文考虑卫星通信进行回程部署并与地面回程网络共存的场景,这种场景跟未来实现地面与卫星无缝互通的协作愿景相吻合。

8.2.2　SDN 架构

目前网络服务提供商主要运用新兴的软件定义网络(SDN,Software-Defined Networking)架构于固网数据中心的资源分配以及云端服务平台的优化,但 SDN 将移动网络控制层与数据层分离的特性,尤其是通过流量及网络带宽的动态管理,能够优化移动回程网络并降低成本支出,可作为部署星地融合网络架构的参考。

部署 SDN 能够动态管理流量与回程网络的带宽,且能实时分配传输资源以及快速重新规划数据交换或路由节点，以节省移动回程网络的建设成本。以下分析导入 SDN 架构的五项移动网络应用，评估其对于回程网络建设成本的影响。

（1）小型基站（Small Cell）

Small Cell 的布建能够节省大型基站布建成本，在大量的 Small Cell 需求下，可靠且高效能的回程网络解决方案便成为最重要的议题。导入 SDN 架构能强化 Small Cell 回程网络 QoS（Quality of Service）控制和路由的能力，且能选择不同的访问路径以满足不同需求。

（2）Cloud-RAN（Cloud of Radio Access Network）

Cloud-RAN 是新形态基站布建架构，通过将基频装置（BBU，Base Band Unit）与无线射频远程装置（RRU，Radio Remote Unit）分离，分为主要的 Cloud-RAN Center 及次要的 Cloud-RAN Edge 两大部分。此架构类似 SDN 控制层与数据层分离的概念，由 Cloud-RAN Center 执行主要运算工作，针对 Cloud-RAN Edge 设备的带宽需求进行分配，该架构整合云端运算和集中化管理等功能，可进一步实现基站带宽分流能力。

（3）城域汇聚/负载重分配

越来越多的移动装置造成移动宽带流量遽增，也加重了回程网络的负荷，SDN 架构则可以借由拥塞控制（Congestion Control）改善城域汇聚网络（Metro Aggregation Network）的性能及使用率，并依据端对端的传送规则（如 OpenFlow 协议）达成负载重新分配以及负载平衡（Load balancing）。

（4）本地数据分流/Internet IXP

本地数据分流（Local Breakout）机制可重新评估本地数据分流的正当性及相对价值，能将不具正当性或价值较低的数据管理信息移除，达成卸载核心网络负荷的目的。至于 Internet IXP（Internet Exchange Point）则是允许两个网络直接相连并交换讯息及更有效地利用网络资源。以上两者功能类似流量工程（Traffic engineering），可通过 SDN 架构加以实现。

（5）Wi-Fi Offload/Video Redirect

基于使用者或特定应用需求，SDN 由核心控制器（Controller）集中控制网络的模式，可动态分配移动宽带网络流量至 Wi-Fi 及相关设备，提供内容感知影音串流（Content-Aware Video Streaming）需求分配等应用服务。

通过 SDN 移动回程网络应用优化的架构，有机会提升上述 Small Cell、Cloud-RAN 以及 Wi-Fi Offload 等方案的效能并降低投入成本。现今正值下一代移动通信网络基础设施部署初期，若能及早评估并导入 SDN 架构，将可大幅减少星地融合网络设备购置费用以及降低后续网络管理及维运成本。

8.3 卫星地面融合回程网络切换

8.3.1 卫星地面融合回程网络切换机制

单一的无线网络已经无法满足越来越多的用户需求，异构融合网络将是未来无线通信发展的趋势。在异构网络中，由于用户移动、网络资源分配等因素，需要为终端实时地选择接入网络，因此网络切换是星地融合网络中的必要技术之一。

1. 网络切换分类

从切换控制方式上来划分可以分为硬切换和软切换。硬切换先断开用户的连接,再接入下一时刻的网络,这会使得用户通信服务中断,影响用户使用体验,不符合切换应该让用户无法察觉的特点。与之相反,软切换可以避免这一问题但是会浪费一定的信道资源。本节研究的切换机制使用软切换方式。

从接入技术上来划分可以分为水平切换和垂直切换。水平切换是指切换前后的网络使用同一个接入技术,这种切换比较简单,涉及的切换因素也比较少;垂直切换是指切换前后,网络的接入技术不同,即异构网络间的切换,这种切换方式比较复杂,切换影响因素较多,本节主要研究垂直切换机制。

2. 网络切换控制方式

网络切换控制方式主要有三种,第一种是由用户终端来控制切换,用户终端定时对接收信号强度与信噪比等因素进行采样,如果发现满足切换条件,用户终端发出切换指令。第二种由网络侧来进行监测以及发起切换,最后将切换信息发送给终端。第三种则是网络来进行切换的计算,用户终端收集环境信息上报给网络。通过这一方式,网络可以得到更多维度的切换请求,比如用户移动、用户业务变更、网络资源分配优化等,从而让网络性能更高,服务质量更好。由以上分析可以看出,第三种移动终端辅助的切换控制方式更加适合星地融合网络。

3. 网络切换判决算法

目前,对于卫星地面融合回程网络的切换机制的研究还不太多。不过由于卫星地面融合回程网络与地面系统融合网络存在一些相似的特征,而且地面网络的切换算法的研究成果也非常丰富。因此,卫星地面融合回程网络的切换判决算法研究可以结合地面网络的切换算法与卫星地面融合回程网络的特征来优化。

在地面异构融合网络中,接收信号强度、信号干扰噪声比是最基础的切换决策因素,大部分切换算法都是从这些因素出发进行研究,也有一些切换算法会同时结合多种因素。这些算法对于切换因素的使用比较单薄,没能综合起来使用。星地融合网络的环境更加复杂,需要考虑的切换决策因素更多,切换方式也更加复杂,有因用户移动导致的卫星波束间的水平切换、地面小区之间的水平切换,还有用户需求以及网络资源分配优化等带来的卫星网络与地面网络之间的垂直切换请求。因此,在卫星地面融合回程网络架构下,首先需要对用户的切换请求进行建模。其次,用户当前位置与运动、网络资源分配、负载均衡等因素都会触发切换。因此在卫星地面融合回程网络中,对网络切换问题的研究需要综合考虑多种因素。

8.3.2　卫星地面融合回程网络架构与建模

在星地融合网络架构中,卫星网络支持地面流行的空中接口技术,如 GSM,CDMA2000、WCDMA 和 WiMAX 等。同时卫星与地面工作在同一频段,使得星地网络之间的切换更加平滑,用户终端和网络设计复杂度也更小。表 8-1 是铱星星座系统的主要技术参数。

表 8-1　铱星星座系统的主要技术参数

参数	值
卫星轨道	6 个轨道面，每个轨道面 11 颗卫星
通信链路	1621.35～1626.5 MHz(上行) 1616～1626.5 MHz(下行)
馈电链路	29.1～29.3 GHz(上行) 19.4～19.6 GHz(下行)
星间链路	23.18～23.38 GHz
轨道高度	780 km
点波束直径	689 km
星上处理	透明转发

从表 8-1 中可知，铱星系统的星座设计可以保证全球任何地区在任何时间都至少有一颗卫星覆盖，馈电链路采用 Ka 频段，用户链路采用 L 频段，并且通过星上处理与星间链路的技术可以有效地实现全球用户无隙通信，这相当于将地面蜂窝网络搬上了太空。

但是由于卫星通信使用视距传输，在室内或者城区高楼林立的场景下，用户服务质量会降低很多，而且卫星网络的通信成本比较高，通信时延长。为了解决这些问题，地面辅助组件(ATC)技术进入了人们的视野。通过在地面部署 ATC 基站与低轨卫星网络相互配合得到的 LEO-ATC 网络，可以有效地改善建筑物遮挡或者云雾遮挡等场景下的用户的通信质量，也可以降低用户的通信成本，更容易地实现全球无缝覆盖。与此同时，两种技术的结合又会带来频率复用导致的同频干扰、网络资源分配以及网络切换等一系列问题。通过卫星网络的广域覆盖，用户终端可以在卫星网络与地面 ATC 网络中切换，这种技术在未来社会中将会扮演重要角色。

如 8.3.1 中所说，星地融合网络中的切换应该由计算能力更强的网络侧来主导，用户终端需要收集环境信息、用户自身的运动和位置等信息上传给网络，并执行网络侧发送过来的切换指令。用户只需要一根内置于终端的天线即可在星地融合网络自由移动、平滑切换，在任意时刻任意地点都能使用通信服务。

LEO-ATC 异构融合网络的架构图如图 8-1 所示，用户终端可以直接接入 LEO 卫星网络与对面用户终端通信，也可以通过地面 ATC 网络接入核心网。LEO 卫星网络和地面 ATC 网络复用同一频段，空中接口相互兼容。

综上所述，LEO-ATC 异构融合网络的核心特点如下：

LEO 卫星网络与地面 ATC 网络频段复用，空中接口互相兼容，减少了网络与终端的复杂度，也使得卫星网络与地面网络之间的垂直切换更加平滑；

LEO-ATC 异构融合网络的用户接入终端的尺寸、天线等模块与现有地面网络的用户终端保持一致，完全兼容；

地面的 GSM、CDMA2000、WiMAX 等技术可以移植到卫星网络中使用，保证了不会出现因为技术更新出现问题。

因为以上特性，LEO-ATC 异构融合网络的架构可以在高带宽、高容量、高速率、低成本的基础上，为广域用户提供全面的通信服务，还可以在紧急通信系统中起到至关重要的作用。

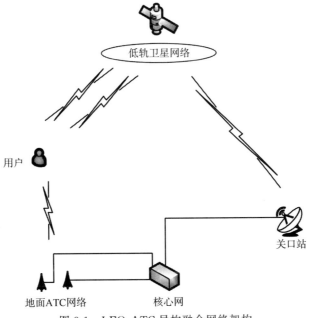

图 8-1　LEO-ATC 异构融合网络架构

　　本文的卫星网络采用近地轨道（Low Earth Orbit，LEO）卫星系统。虽然 LEO 卫星的高速运动会导致网络拓扑动态变化，通信链路切换频繁，但是同时卫星运动又是周期性、规律性的运动，具有预知性。因此可以采用虚拟节点的策略来屏蔽卫星网络的高速运动带来的拓扑结构的变化。由于数据包在卫星中只进行透明转发，因此对于地面用户终端可以将每一颗 LEO 卫星视为一个固定的拓扑节点，从而避免大量的对切换决策算法没有影响的卫星波束间切换。

　　在本节的仿真中，地面 ATC 网络和 LEO 卫星网络的服务覆盖区域可以参考地面蜂窝小区的形式来模拟，使用正六边形来模拟蜂窝小区，如图 8-2 所示。

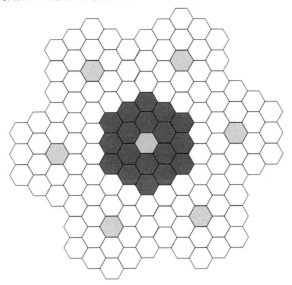

图 8-2　地面蜂窝小区仿真分布图

由于卫星信道资源宝贵以及地面建设基站成本较高,卫星波束与地面 ATC 小区均采用频谱复用技术提高频谱利用率。为了避免通道干扰,地面网络中将相邻 7 个小区作为区群,使用 7 个不同频段,其他小区复用这些频段资源,每个小区半径 50 km。卫星波束处理方法与地面类似。由于 LEO-ATC 异构融合网络中的切换一共包括同一卫星波束间切换、不同卫星波束间切换、卫星与地面 ATC 小区之间的切换以及地面 ATC 小区之间的切换。由上文描述可知,通过虚拟节点的方式,不同卫星波束间切换与同一卫星波束间切换的情况类似,因此本文的仿真场景主要考虑能同时出现同一卫星波束间切换、卫星与地面 ATC 小区之间的切换以及地面 ATC 小区之间的切换三种情况的仿真场景。以下分别分析三种切换触发的条件。

(1) 卫星与地面 ATC 小区之间的切换:由于 LEO 卫星网络星座的全球无缝覆盖特性,地面网络始终处于卫星网络的覆盖范围之内,当用户离开地面网络服务区域时,此时必然切换到卫星网络;地面无线网络在链路质量、服务速率等方面都比 LEO 卫星网络要好很多,因此当用户进入地面网络服务区域时,此时优先考虑切换到地面 ATC 网络;当用户在两种网络的重叠覆盖区域内移动时,此时需要考虑用户移动速度、链路服务质量、流量拥塞和网络资源动态分配等因素来综合决定是否进行切换。

(2) 卫星波束间切换:当用户在卫星多波束的重叠覆盖区域内移动或者穿过卫星波束边界时,此时可能由于当前接入卫星波束的服务质量不足以满足用户需求或者卫星网络对信道资源进行优化分配等因素导致发生切换。

(3) 地面 ATC 小区之间的切换:与卫星波束间切换触发因素类似,当用户在地面 ATC 小区的重叠覆盖区域内移动或者穿过小区边界时,此时可能由于当前接入小区的服务质量不足以满足用户需求或者地面网络对信道资源进行优化分配等因素导致发生切换。

综上所述,为了使得以上三种切换机制同时存在,通常仿真基于卫星点波束重叠覆盖地面小区这一场景。由表 8-1 可知,铱星点波束直径为 689 km,考虑多波束对地面小区重叠覆盖的场景,如图 8-3 所示,使用 3 个点波束,地面小区的用户可以同时接收卫星的多个波束信号。

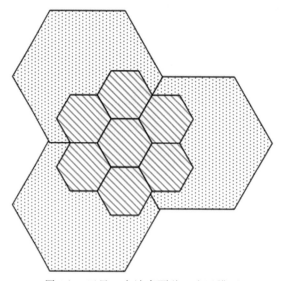

图 8-3 卫星 3 点波束覆盖 7 小区模型

8.3.3 卫星地面融合回程网络切换仿真

本节对用户服务指标达成度进行了建模,并利用模型结合用户请求和网络参数得到各网络的用户服务指标达成度,用户服务指标达成度最大的网络即为切换目标网络。切换判决流程图如图 8-4 所示。

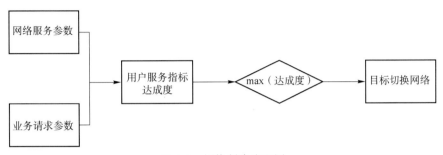

图 8-4 切换判决流程图

下面对用户服务指标达成度进行建模:

在 LEO-ATC 异构融合网络架构下,用户服务指标达成度主要表现为用户终端在不同环境下通话质量、多业务请求等需求保证情况。基于此,本节对用户服务指标达成度进行了建模。

网络侧与用户终端会在固定时间进行一次交互,分别对一小段时间内的网络服务参数与用户请求参数进行采样,比如系统吞吐,业务包丢包率和误码率,端对端时延和抖动等,由于各个参数的量纲并不相同,为了比较差异度,需要进行归一化处理。由于网络侧与用户侧进行一次交互得到的数据量较小并且差异较小,而且各指标的取值范围已知,因此采用 min-max 归一化方法进行归一化和取均值,得到网络服务参数 Q_{network} 与用户请求参数 Q_{user},然后代入式(8-1)中:

$$\text{USIA} = \sqrt{\frac{\sum_{i=1}^{n}(Q_{\text{network}}^{i} - Q_{\text{user}}^{i})^2}{n}} \tag{8-1}$$

式中,USIA 表示用户服务指标达成度(User Service Indicator Achievement),n 为选用的决策因素个数。网络选择阶段的目标就是在 M 个方案中寻找具有最小 USIA 的网络。

$$A_{\text{UEIA}}^{*} = \arg \min_{i \in M} \text{USIA}_i \tag{8-2}$$

表 8-2 列出了一些可以参与切换决策的网络参数。将相邻数据包的传输时延的差值的绝对值定义为时延抖动,使用 1~4 四个数字来量化,每个数值代表抖动值处于一个区间,数值越大代表抖动越大。同理,用户接入网络的成本也用四个数字来量化,数值越大代表成本越高。

表 8-2 候选网络参数值

参数名称	参数值	
	地面 ATC 网络	低轨卫星网络
小区/波束半径	50 km	344.5 km
抖动	3	2

续表

参数名称	参数值	
	地面 ATC 网络	低轨卫星网络
小区用户数	200	—
小区服务容量	5 Mbit/s	20 Mbit/s
端对端时延	200 ms	300 ms
网络开销	2	4
基站数量	7	3

地面 ATC 网络与 LEO 卫星网络重叠覆盖用户，信道衰落模型取经验值 $\sigma = 7.5$ dB，$K = 6$ dB。最低接收信号门限为 $RSS_{threshold} = -50$ dB，当用户接收到信号强度小于接收信号门限值时，将无法通信。

实际情况中地面网络存在无法覆盖的区域，卫星网络也会因为建筑物等阴影物遮挡导致覆盖范围减少。本章主要针对 LEO-ATC 异构融合网络中的切换机制进行了仿真研究，因此仿真主要针对地面 ATC 网络与 LEO 卫星网络都能覆盖的区域，场景图如图 8-5 所示。

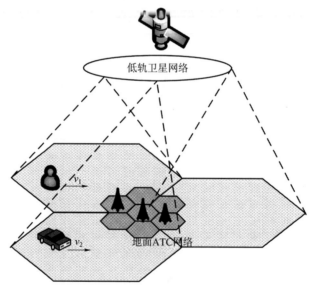

图 8-5　LEO-ATC 异构融合网络场景图

卫星点波束与地面网络使用频率复用技术，因此用户从当前 7 小区范围中移动出去的情况等同于其重新进入当前 7 小区，这样可以保证用户在任意时间任意地点都能被 LEO 卫星网络与地面 ATC 网络覆盖。

文献中具体地仿真了基于用户服务指标达成度的切换机制与几种传统的切换机制，并对比了他们的仿真结果，结果表明基于用户服务指标达成度的切换机制在用户移动速度较小（0～20 m/s 之间）时具有较好的切换性能，对比传统算法性能提升 10% 以上。

8.4 卫星地面融合回程网络面临的挑战

在卫星链路中,传播延迟和多普勒频移分别比地面链路大 300 倍和 126 倍。由于信号会经历较长的传播延迟,因此对流控制协议(Stream Control Transmission Protocol, SCTP)的要求比较高,信号传输需要比较快的速度。基站的控制平台(Control Plane,CP)对网络延迟的敏感性不如用户平台(User Plane,UP)敏感,因此在 UP 中,消息的传输速率需要更快。为此,首先需要解密封装在 IPsec 隧道中的 UP 消息。研究者在相关专利中提出了 UP 加速技术。对于上行链路(Uplink,UL)和下行链路(Downlink,DL),GTP-A 程序将消息解封装,缓存有效负载,对此有效负载应用 Web 加速,然后重新封装作为原始发送的消息。在此过程中,将一侧使用的消息的隧道终结点标志符(Tunnel Endpoint Identifier, TEID)字段发送给另一侧,以对消息进行原始重新封装。这一流程减少了卫星链路延迟的影响,提高了 IP 通信性能。

8.5 非地面网络切换

8.5.1 非地面网络切换分类及信令交互流程

根据 TR38.821 中对于非地面网络移动性的描述,在 NTN(Non-Terrestrial Network)中有三种类型的切换:

(1)卫星内部切换(同卫星不同小区/波束间切换);

(2)卫星间切换(不同卫星的小区/波束间切换);

(3)不同接入网间切换(在地面蜂窝网络与卫星接入网之间切换)。

根据三种不同的卫星类型(透明转发卫星、全协议栈卫星和仅包含 DU 的卫星),排列组合可得到以下几种切换的场景,如表 8-3 所示。

表 8-3 NTN 切换场景下的 NG-RAN 流程(TR38.821)

NTN 切换场景	透明转发卫星	再生卫星(全协议栈)	再生卫星(仅含 DU)
卫星内部切换	gNB 内部切换流程、gNB 间切换流程	gNB 内部切换流程	gNB-CU 内部移动性、gNB-DU 内部切换、gNB-CU 间切换
卫星间切换	gNB 内部切换流程、gNB 间切换流程	gNB 间切换流程	gNB-CU 内部移动性、gNB-DU 间切换、gNB-CU 间切换
不同接入网间切换		AMF/UPF 间切换、AMF/UPF 内部切换	gNB 内部切换流程、gNB 间切换流程

在每种情况下,相关的移动性规程可能都需要进行一些调整,以适应卫星访问的扩展延迟。

本节中主要讨论以下两种切换流程：gNB 间切换流程以及 CU/DU 分离架构下 gNB 内部 DU 之间的切换流程。

（1）gNB 间切换流程

对于 gNB 之间的切换，信令过程至少包括图 8-6 所示的基本组件：

①源 gNB 启动切换并通过 Xn 接口发出切换请求。

②目标 gNB 执行接纳控制，并提供新的 RRC 配置，作为切换请求确认的一部分。

③源 gNB 通过转发在切换请求确认中接收到的 RRC Reconfiguration 消息来向 UE 提供 RRC 配置。

RRC Reconfiguration 消息至少包括小区 ID 和访问目标小区所需的所有信息，以便 UE 可以访问目标小区而无须读取系统信息。在某些情况下，基于竞争和无竞争的随机访问所需的信息可以包含在 RRC Reconfiguration 消息中。对目标小区的访问信息可以包括波束专用信息（如果有的话）。

④UE 将 RRC 连接移至目标 gNB，并回复 RRC Reconfiguration Complete。

图 8-6　gNB 间切换流程（TS 38.300）

（2）gNB 内部 DU 之间切换流程

在 3GPP TS 38.401 中规定了 gNB-DU 内部移动性的切换流程，如图 8-7 所示，具体步骤为：

（1）UE 向源 gNB-DU 发送 Measurement Report 消息。

（2）源 gNB-DU 发送 UL RRC 消息发送消息到 gNB-CU 以传达接收到的 Measurement Report 消息。

（3）gNB-CU 向目标 gNB-DU 发送 UE 上下文设置请求消息，以创建 UE 上下文并设置一个或多个数据承载。UE 语境设置请求消息包括 Handover Preparation Information。

（4）目标 gNB-DU 用 UE 上下文设置响应消息来响应 gNB-CU。

（5）gNB-CU 向源 gNB-DU 发送 UE 上下文修改请求消息，该消息包括生成的 RRC Reconfiguration 消息，并指示停止针对 UE 的数据传输。源 gNB-DU 还发送下行链路数据传递状态帧，以通知 gNB-CU 有关未成功发送给 UE 的下行链路数据的信息。

（6）源 gNB-DU 将接收到的 RRC Reconfiguration 消息转发给 UE。

（7）源 gNB-DU 用 UE 上下文修改响应消息响应 gNB-CU。

（8）在目标 gNB-DU 执行随机访问过程。目标 gNB-DU 发送下行数据传送状态帧以通知 gNB-CU。下行链路数据包（可能包括未在源 gNB-DU 中成功发送的 PDCP PDU）从gNB-CU 发送到目标 gNB-DU。

注意：由 gNB-CU 决定是否在接收到下行数据传送状态之前或之后开始向 gNB-DU 发送 DL 用户数据。

（9）UE 用 RRC Reconfiguration Complete 消息响应目标 gNB-DU。

（10）目标 gNB-DU 发送 UL RRC 消息传输消息到 gNB-CU，以传达接收到的 RRC Reconfiguration Complete 消息。下行链路分组被发送到 UE。此外，上行链路数据包从UE 发送，并通过目标 gNB-DU 转发到 gNB-CU。

（11）gNB-CU 向源 gNB-DU 发送 UE 上下文释放命令消息。

（12）源 gNB-DU 释放 UE 上下文并且用 UE 上下文释放完成消息来响应 gNB-CU。

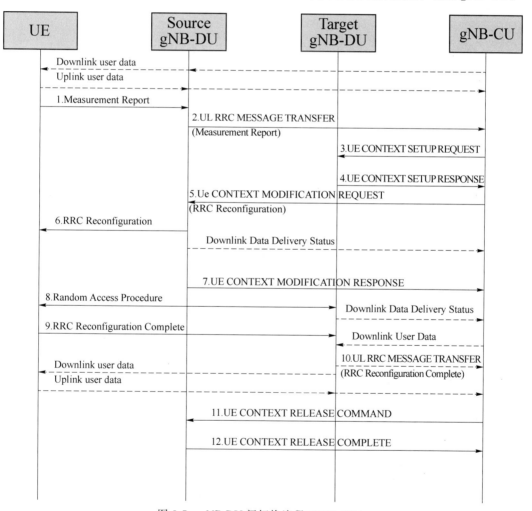

图 8-7　gNB-DU 间切换流程（TS38.401）

8.5.2 非地面网络切换机制

在移动通信网络(2G、3G、4G or 5G)中终端是否进行切换，是由基站根据移动设备的测量报告来决定。终端有多种测量项目(RSRP、RSRQ、SINR)和多种方法(周期性、事件触发)来测量服务小区和邻近小区信号质量。

从切换的一般过程(非信令交互流程)来看，主要分为四个阶段。

(1) 触发测量：在 UE 完成接入或切换成功后，gNodeB 会立刻通过 RRC Connection Reconfiguration 向 UE 下发测量控制信息。此外，若测量配置信息有更新，gNodeB 也会通过 RRC 连接重配置消息下发更新的测量控制信息。测量控制信息中最主要的就是下发测量对象、MR 配置、测量事件等。

(2) 执行测量：根据测量控制的相关配置，UE 监测无线信道，当满足测量报告条件时(A1-A6、B1 和 B2)，通过事件报告 gNB。测量报告数量/事件的触发可以是 RSRP、RSRQ 或 SINR。

(3) 目标判决：gNB 以测量为基础资源，按照先上报先处理的方式选择切换小区，并选择相应的切换策略。

(4) 切换执行：原基站向目标基站进行资源的申请与分配，而后源 gNodeB 进行切换执行判决，将切换命令下发给 UE，UE 执行切换和数据转发。

在 TR38.821 中，讨论了针对非地面网络场景下，不同触发方式的优缺点，总结如表 8-4 所示。

表 8-4　不同触发方式优缺点评估

触发方式	优点	缺点
测量触发	规范影响小；在 R16 WI 中受支持	需要相邻小区列表(但 LEO 在快速移动)；RSRP 差别小触发不可靠
位置触发	适合未定义边界的小区；能使用星历和卫星轨迹抢先配置触发条件预测触发；测量少	UE 可能向不可用的小区发 HO；一些 UE 没有定位能力；UE 必须跟踪卫星轨迹；开销大
时间/定时器触发	网络可配不同时间长度，减轻 RACH 拥塞；测量较少	高开销；取决于星历数据准确性
Time Advance value 触发	适合 UE 在发送 RACH 前同步码时需要补偿时间，使目标小区正确接收前同步码；精度高	需要具有 GNSS 的 UE
源小区、目标小区仰角触发	适合不规则形状的切换区域	UE 需要基于 UE 位置和星历数据来评估仰角

理想情况下基站允许终端上报服务小区和邻居小区信号质量，通过单次的测量触发切换。而现实中频繁的乒乓切换，会造成基站过载。为了避免这种情况发生，3GPP 规范提出了一套测量和报告机制。这些测量和报告类型称为"事件"。终端须报告的"事件"由基站通过下发的 RRC 信令消息通知终端。

3GPP 在 38.331 中为 5G(NR)网络定义的测量事件有如下几种。

(1) Event A1(Serving becomes better than threshold)：服务小区高于绝对门限。

（2）Event A2（Serving becomes worse than threshold）：服务小区低于绝对门限。

（3）Event A3（Neighbor becomes offset better than SpCell）：邻区-服务小区高于相对门限。

（4）Event A4（Neighbor becomes better than threshold）：邻区高于绝对门限。

（5）Event A5（SpCell becomes worse than threshold1 and neighbor becomes better than threshold2）：邻区高于绝对门限，且服务小区低于绝对门限。

（6）Event A6（Neighbour becomes offset better than SCell）：载波聚合，辅载波与本小区 RSRP/RSRQ/SINR 差值比该值实际大（dB）；触发 RSRP/RSRQ/SINR 上报。

（7）Event B1（Inter RAT neighbour becomes better than threshold）：异系统邻区高于绝对门限。

（8）Event B2（PCell becomes worse than threshold1 and inter RAT neighbor becomes better than threshold2）：本系统服务小区低于绝对门限值且异系统高于绝对门限值。

A3 事件通常用于频内或频间的切换过程。当触发 A2 事件时，可配置测量间隔、测量频间对象和 A3 事件进行频间切换。A3 事件提供了一个基于相关测量结果的切换触发机制，例如，可配置当邻居小区 RSRP 比特定小区 RSRP 强时触发。本节重点对于常用于仿真中的 A3 事件测量及触发机制进行介绍。

如图 8-8 所示，横轴代表系统推进的时间，纵轴代表触发切换所用的判断指标，RSRP（Reference Signal Received Power，参考信号接收功率）。当邻小区-服务小区的偏差值高于相对门限时，达成 A3 时间进入条件。当 A3 时间进入条件持续一个 time_to_trigger 周期时，测量报告将会触发发送。

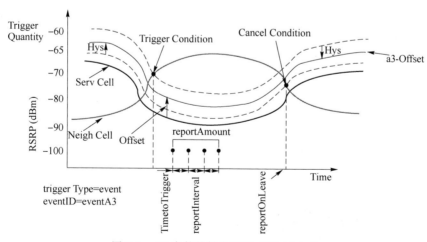

图 8-8　A3 事件的触发流程（TS 38.331）

具体的 A3 事件进入条件以及离开条件如下：

触发条件：

$$Mn + Offset - Hys > Mp$$

撤销条件：

$$Mn+Offset+Hys<Mp$$

式中：

Mn 是相邻单元的测量结果，不考虑任何偏移；

Offset 是该事件的偏置参数，即图中的 A3-Offset；

Mp 是 SpCell（主小区）的测量结果，不考虑任何偏移；

Hys 是该事件的滞后参数，即在 reportConfigNR 中定义的滞后。

举例来看，假设某通信网络 A3 offset 设置为 3 dB，hys、Ofn、Ofp 和 Ocp 设置为 0。一旦 UE 发现任何测量值比服务小区高 3 dB 的邻居小区，它就应该报告事件 A3。比如：邻区小区 RSRP＝－78 dB，服务小区 RSRP＝－82 dB，这里邻区小区比较好，满足事件偏移量，所以 UE 会向 gNB 报告事件 A3。

注意：如果一个 UE 从 B 小区切换到 A 小区，之后又从 A 切换到 B，而且时间小于最小停留时间（MTS），则这种现象称为乒乓效应。通常如果 UE 的停留时间小于 MTS，那么这次切换被称为非必要切换，建议 MTS 取值为 1 s。

8.5.3　非地面网络切换失败的判定与建模

根据 TR 36.839，切换失败的主要原因在于无线链路失败（RLF，Radio Link Failure）。为在切换的全程追踪用户与基站链接的无线链路情况，将切换过程划分为三个状态：

(1) A3 事件进入条件达成之前，称为 state 1；

(2) A3 事件进入条件达成之后，但 UE 还未成功接收切换命令，称为 state 2；

(3) UE 成功接收到切换命令之后，但是 UE 还未成功完成切换。

图 8-9 为标准中所介绍的 state 2 状态下无线链路失败导致的切换失败的一种情况，横轴表示时间，箭头指向不同事件或条件的触发时刻。其中 TTT 为 8.5.2 中介绍的 time_to_trigger 定时器，RLF timer T310 为当 UE 的 RRC 层检测到物理层出现问题时，所启动的定时器；当在该定时器运行期间，若无线链路恢复，则停止该定时器，否则一直运行，该定时器超时的时候发生无线链路失败（RLF），导致切换失败。

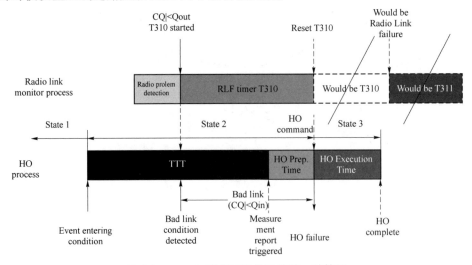

图 8-9　state 2 状态下切换失败的一种情况

T310 设置的越大，UE 察觉 RL 下行失步时间就越长，此时间内相关资源无法及时释放，也无法发起恢复操作或响应新的资源建立请求，影响用户的感知。该参数设置过小，会造成不必要的 RRC 重建。

监测 RLF 所用的指标为 CQI(Channel Quality Indication)，即信道质量表示。Qin 和 Qout 为判断 RLF 的两个门限，当检测到链路质量低于 Qout 时，开启 T310 定时器，若在计时过程中，链路质量高于 Qin，则停止计时，链路恢复。

当同 Qout 进行比较时，计算 CQI 所用的方式为在 200 ms 的滑动窗口内，间隔 10 ms 进行采样，计算平均 CIR(Carrier to Interference Ratio，载波干扰比)；同 Qin 比较时，滑动窗口为 100 ms，采样间隔仍为 10 ms。

8.5.4　非地面网络切换流程简化与建模

在实际的仿真应用中，以 CU/DU 分离的可再生卫星为例，可以将其涉及的切换分为两种：DU 间切换(切换到不同卫星的不同波束)和波束间切换(同一颗卫星/DU 下切换到不同波束)。则切换测量的机制可以分为两步：选择最佳接入卫星以及最佳接入波束。

结合测量时更新的用户实时位置和星历信息，可以计算出各卫星与用户的实时距离，由于在非地面网络中各卫星的距离较远，通过该实时距离可以区分出最佳接入卫星，即与用户实时距离最小的卫星。

由于各波束的信道质量需要更精细地区分，因此可以通过测算用户在最佳接入卫星下的各波束的 RSRP 来判断是否达到 A3 事件进入条件，选择 RSRP 最大的波束作为切换后接入的波束，并按照 8.5.2 及 8.5.3 节中的流程进行 RLF 判断与切换。

关于参数的选择，需要根据实际的仿真需求寻找相关标准进行参考。以 Qin 和 Qout 为例，TR36.133 中给出的定义为

Qout：考虑到具有协议中规定的传输参数的 PCFICH(Physical Control Format Indicator Channel，物理控制格式指示信道，该信道用于指示一个子帧中用于传输 PDCCH 的 OFDM 符号数，该信道属于下行物理信道。)错误，阈值 Qout 被定义为下行链路无线电链路不能可靠接收的电平，并且应与假设的 PDCCH 传输的 10% 误块率相对应。

Qin：考虑到具有协议中规定的传输参数的 PCFICH 错误，阈值 Qin 被定义为下行链路无线电链路质量可以显著比 Qout 处更可靠接收的电平，并且应对应于假设的 PDCCH 传输的 2% 误块率。

则在实际应用中运用 Qin 和 Qout 时需根据定义结合自身场景下的参数进行计算得出阈值。

8.5.5　非地面网络切换面临的挑战

非地面网络因其架构等不同于地面蜂窝网络，在移动性方面具有许多特点，同时也面临一些挑战。

(1) 移动性信号的相关延迟

NTN 中的传播延迟比地面系统要高几个数量级，从而给移动性信令(例如测量报告，HO 命令的接收和 HO 请求/ ACK)(如果目标小区源自不同的卫星)带来了额外的延迟。

（2）测量有效性

如果在发送测量报告和接收 HO 命令之间有足够的延迟，将基于 Rel-15 测量的移动性机制扩展到 NTN 可能会带来过时测量的风险。测量值可能不再有效，可能导致错误的移动动作，例如，过早/晚切换。

（3）小区重叠，信号强度变化降低

NTN 重叠区域中两个波束之间的信号强度差异很小；由于 Rel-15 切换机制基于测量事件（例如，A3），因此 UE 可能难以区分更好的小区。

为了避免由于 UE 在小区间之间的乒乓响应而导致 HO 健壮性的整体降低，对于 GEO 和 LEO 场景，都应以高优先级解决此挑战。

（4）频繁且不可避免的切换

非 GEO 轨道中的卫星相对于地球上的固定位置高速移动，导致固定和移动 UE 频繁且不可避免地进行切换。这可能导致显著的信令开销并影响功率消耗，由于信令延迟而导致服务中断。

（5）动态邻居小区集

在非 GEO 部署中，卫星相对于地球上的固定点不断移动。这样的移动可能对 UE 具有若干影响，例如候选小区将保持有效多长时间。

给定 LEO 中卫星的确定性运动，网络可能能够借助现有的 Rel-15 机制（可能借助 UE 定位）来补偿不断变化的小区集。

（6）大量 UE 的切换

将连接的 UE 总数除以该小区执行此过渡所花费的时间可以大致估计出 UE 在给定小区直径下必须切换一个小区的平均速率。然而由于卫星基站覆盖面积之大必然会造成大量的 UE 同时切换，这是应当考虑的问题。

卫星之间的传播延迟差异，可以通过网络补偿；对于测量而言，除了 RSRP 外，测量报告的触发也可以基于用户的位置，或者两者的结合（可能会有潜在隐私问题）；同样的，运用卫星星历信息可以确定其每条波束的足迹以及始终的速度，从而得到用户位置持续被该波束覆盖的时间以及波束下次将在什么时候切换的信息，以简化切换过程并减少报告开销。

对于基于非 GEO 卫星的非地面网络，仍需利用用户位置信息和卫星星历信息来进一步研究 5G NR 切换和寻呼协议的适应性。

8.6 小 结

目前，每个人数据需求量的增长没有丝毫放缓的趋势，数据需求的激增引发了从电路交换网络到 5G 网络的发展。在这一发展过程中，卫星网络以其独特的广域覆盖和抗自然灾害的能力走入了通信学者的视野。通过使用将卫星网络与地面网络高速链路相结合组成的卫星地面融合回程网络，可以充分利用各自的优点，弥补各自的缺陷，完成对用户通信需求的满足。本章从卫星地面融合回程网络的优越性、关键技术和面临的挑战三个方面出发对卫星地面融合回程网络进行了阐述；同时从非地面网络切换的分类及信令流程、切换机制、切换失败的建模、切换流程简化与建模、面临的挑战几个方面阐述了非地面网络切换方面的内容。

第 9 章　卫星地面融合网络路由策略

本章将要介绍星地融合网络中卫星网络的路由建模方法以及路由算法,主要包括针对卫星特性的虚拟节点建模机制及路由算法、虚拟拓扑建模机制及路由算法,多层卫星网络建模机制及路由算法以及面向业务种类的 QoS 路由算法,本章将对主流的建模机制和经典的路由算法进行详细介绍。

9.1　卫星网络路由建模

卫星地面融合网络中,由于卫星具有高动态性,使得网络的拓扑频繁变化,这样频繁的拓扑变化给路由算法的设计带来巨大的困难,为了解决卫星高动态性问题,通常采用虚拟节点策略和虚拟拓扑策略,前者利用了卫星网络的全覆盖特性,后者则利用了卫星网络的周期性。

9.1.1　虚拟拓扑建模

虚拟拓扑策略(Virtual Topology Strategy)的原则是将一个动态网络切分成多个时间片,每个时间片内的网络拓扑稳定,即在这个时间段内没有链路的连接和断开发生,将这样的时间片称为一个快照。获取静态的网络拓扑之后就可以使用路由算法计算出相应的路由表,进而实现网络路由。

虽然卫星相对于地面来说每时每刻都在移动,但将视角放置到整个卫星网络后,是在某些较小的时间段内,卫星网络的拓扑是稳定的。如图 9-1 所示,时间点 S1 到时间点 S2 这段时间内的网络拓扑相对于 S1 时刻的网络结构没有太大变化,因此可以用 S1 时刻的网络拓扑表示 S1 到 S2 这段时间的网络拓扑,这个静态网络拓扑就是 S1 到 S2 这个时间片的快照(snap-shot)。同理 S2 时刻到 S3 时刻也存在这样的快照,由于卫星的公转和地球的自转具有周期性,快照的数量不会无休止的增加,当达到一定数量后,新的快照就会与旧的快照完全相同。根据快照的网络拓扑使用路由算法计算每个快照对应的路由表并在节点中储存这些路由表,即可实现离线状态下的网络路由。

虚拟拓扑策略与卫星周期运动的特性相结合,可以在不占用计算资源的情况下完成路由,但需要占用大量的存储资源来储存这些快照。

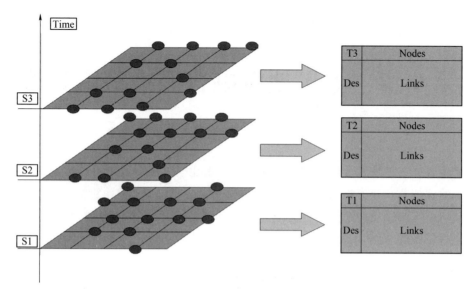

图 9-1　虚拟拓扑模型

9.1.2　虚拟节点建模

虚拟节点策略(Virtual Node Strategy)采取的思想是将节点虚拟化成一个固定的节点，这个节点始终覆盖一个区域，从而屏蔽由于卫星移动带来的网络拓扑变化，进而进行路由的建模。

如图 9-2 所示，在每个区域上方都假定了一个虚拟的卫星，这个虚拟的卫星节点可以实现对区域的覆盖，同时在区域上方存在一颗实际的卫星，实际的卫星在实际观测中可以对区域进行服务，那么可以确认在这颗实际的卫星没有移出区域的这段时间内，区域被服务，也就是虚拟的卫星功能有效。

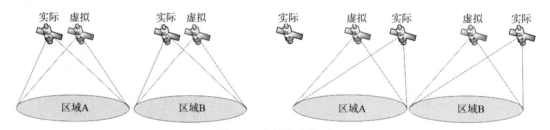

图 9-2　虚拟节点模型

当实际的卫星移出区域后，下一颗卫星又移动到了区域内，同样新的实际的卫星可以对区域进行服务，由于卫星具有周期性，所以在对区域进行合理的划分后，每个区域上假定的虚拟卫星始终有效，因此可以用虚拟的卫星节点替代实际的卫星节点，从而屏蔽卫星移动性。

虚拟节点策略下的卫星网络可以视为一个稳定的拓扑网络，因为即使一个区域的覆盖卫星离开了这个区域，也会有下一颗卫星进入该区域。全局观测下的卫星网络是稳定的。

9.1.3　多层卫星网络路由建模

单层卫星网络的拓扑较为简单,虽然降低了复杂性但在传输效率以及链路可靠性方面存在不足。多层卫星网络将不同轨道高度的卫星网络融合到一起,不同层级的卫星网络各自发挥优势的同时,跨层的合作策略进一步提升了网络的性能,多层卫星优势互补有效解决单层卫星网络的缺陷,但不可避免地带来了复杂性。

卫星通常根据高度分为三种,低轨卫星(LEO)、中轨卫星(MEO)以及较为特殊的同步卫星(GEO)。多层卫星网络常见的组合为 LEO/GEO、LEO/MEO、LEO/MEO/GEO。在多层卫星网络中,星间链路分为层间链路和层内链路两种,层间链路表示不同层级卫星之间的无线链路,层间链路则表示同层级卫星之间的无线链路。层间链路又分为轨道间链路和轨道内链路两种,轨道内链路连接同一条轨道上的邻近卫星,轨道间链路连接不同轨道之间的卫星。

多层卫星网络中的高层卫星拥有更广的覆盖范围,可以与多个下层卫星建立链接,因此在多数多层卫星网络路由算法中,高层卫星多作为管理层卫星,即对下层卫星进行控制,包括移动性管理、路由决策等。多层卫星网络由于其拥有更多的空间资源使得相对于单层卫星网络更灵活、更加稳健,而且有更多的频谱资源。它融合了多个层面卫星的优势,可以更有效地处理路由问题。

9.1.4　卫星 QoS 路由建模

随着互联网与无线通信技术的快速发展,越来越多的业务开始兴起并发展起来,人们对应用服务质量的要求不断提高导致传输的业务流对信道的质量要求越高。ITU(International Telecommunication Union)中将 QoS(Quality of Service)定义为:在一个或多个对象的集体行为上的一套质量需求的集合。吞吐量、传输延迟和错误率等一些服务质量参数描述了数据传输的速率和可靠性等。由于网络资源受限,用户对于网络资源的使用存在竞争,服务质量的概念应运而生,衡量服务质量指标的参数包括时延、时延抖动、带宽、丢包率和可靠性等。

在星地融合网络中,卫星与地面、卫星与卫星之间都存在高速的相对运动和复杂多变的无线传输信道。这些因素给卫星网络路由算法的设计带来了挑战。因此,为了满足星地融合网络中多样且苛刻的业务需求以及降低卫星移动性和无线信道噪声干扰带来的影响,有必要在已有的基于离散拓扑模型的路由算法、基于多层网络的路由算法等算法的基础上,从算法复杂度服务质量和系统性能的角度出发,提出针对地面有 QoS 要求的卫星网络的路由算法和路由协议。

9.1.5　其他模型

无线传感网络(Wireless Sensor Network,WSN)是一种分布式传感网络,网络采用无线多跳的通信方式,其拓扑结构动态变化,具有自组织性、自控性和自适应性。卫星网络的通信方式与 WSN 相似,都是无线多跳的通信机制。在卫星网络中使用 WSN 技术可以有效将卫星网络组织起来,提高网络的韧性,WSN 与卫星网络结合主要应用于系统能量上,即通过动态分簇和选择簇首节约卫星能量同时实现路由。

无线自组织网络（Mobile Ad-hoc Network，MANET）是一种具有高度动态拓扑的网络，网络中的节点通过无线链路进行数据传输和信息交互，每个节点都拥有控制和路由的能力，卫星网络与 MANET 的网络特性十分相似，节点时刻高速移动，网络拓扑频繁变化且拥有单独处理能力。MANET 技术在卫星网络的应用主要集中对不可预测场景的动态处理上，利用其自组织性提高网络的稳健度同时节约系统资源。

9.2　卫星网络路由算法

卫星网络中的路由算法很多，主要包括基于虚拟拓扑策略的路由算法，基于虚拟节点策略的路由算法，针对多层卫星网络的卫星路由算法，面向业务种类的 QoS 路由算法，本小结将主要对 DT-DVTR、DRA、MLSR 等几种卫星路由算法进行介绍。

9.2.1　虚拟拓扑路由算法

离散时间动态虚拟拓扑路由算法（Discrete-time Dynamic Virtual Topology Routing）是一个基于 ATM 机制的面向连接的路由算法，算法中首次提出了虚拟拓扑模型策略。DT-DVTR 算法分为两个阶段，DT-VTS（Discrete Time Virtual Topology Setup）阶段和 DT-PSS（Discrete Time Path Sequence Selection）阶段。DT-VTS 阶段中，首先使用虚拟拓扑策略将卫星网络从连续时间序列切分成离散的时间片序列，然后使用最短路径算法为每个时间片里的节点计算路由，实现离线模式下的最小时延传输。因为两个连续的时间片的网络拓扑只有小部分不同，多数的连接状况没有变化，因此在 DT-PSS 阶段中，DT_DVTR 算法通过对时间片传递进行优化，提升了算法在时延抖动、平均时延和复杂度方面的性能。

DDRA（Dynamic Detection Routing Algorithm）针对虚拟拓扑策略下无法根据网络状况实时地对卫星网络进行调整的问题，提出了基于 ACK 确认机制的检测算法。在 DDRA 算法中，每个卫星节点周期性的向周围节点发送 ACK 确认报文，确认邻近节点的队列情况以及节点状况，对于高拥塞链路或失效节点，在下一个时隙到来时从网络拓扑中将对应的链路进行调整，同时对于恢复的链路也进行相应的权值调整从而动态调整网络路由策略，避免卫星网络拥塞。

DDRA 算法流程图如图 9-3 所示，首先算法获取根据虚拟拓扑策略划分出的时间片快照，每颗卫星节点使用最短路径算法计算出到其他卫星节点的路由策略并生成路由表。因为链路的异常状态处理是在当前时间片的拓扑快照上进行处理，所以在进行链路状态检测之前先查询时间片是否发生变换。

$$(C_{i,j}^m(t)-C_{i,j}^m(k\Delta t))/C_{i,j}^m(k\Delta t)\ll 1 \tag{9-1}$$

为了有效划分时间片，DDRA 算法通过式（9-1）来定义一个有效的时间片，式中的 $C_{i,j}^m(t)$ 表示第 m 个时间片在 t 时刻节点 i 和节点 j 之间的链路消耗，整体公式表达含义为在经过 $k\Delta t$ 的时间间隔后节点 i 和节点 j 在第 m 个时间片的消耗变化很小。算法通过式（9-1）计算出每个时间片的最大时间间隔。

在链路状态的检测阶段中，DDRA 算法分别对链路拥塞和链路失效两种状态进行检测，在对链路拥塞的检测中，DDRA 算法对每颗卫星的缓存队列进行检查，每颗卫星的缓存队列都有一个上限，为了防止由于队列溢出造成数据包的丢失，算法设置了一个门限，当卫星队列的数据包数量超过门限值时算法认为该节点和链路拥塞并进行相应的处理。

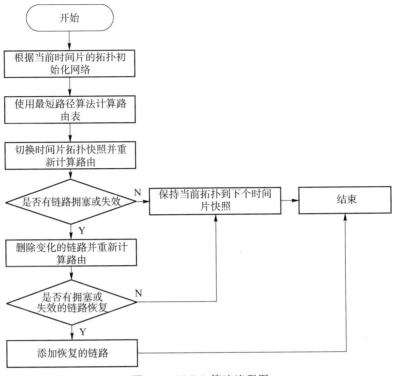

图 9-3　DDRA 算法流程图

图 9-4 表示一个节点的缓存队列，L 为缓存上限，$N0$ 表示队列门限。

图 9-4　节点队列模型

对链路失效的检测中 DDRA 算法使用问答反馈的方式进行处理，算法令每个卫星节点周期性的向周围节点发送查询数据包，收到查询数据高的节点会发送应答数据包，如果节点在一个时间周期内没有收到应答数据包，则认为链路失效并进行异常状态处理程序。

如果链路状态检测中发现拥塞或失效的链路，算法会将拥塞或失效的链路从拓扑中暂时的删除并重新计算路由表，这样就可以有效避免由于链路异常导致的丢包。同时，算法对于那些暂时删除的链路会进行周期性的恢复查询，如果链路数据包数量小于了门限值或失效的链路重新建立了链路则从拓扑快照中恢复链路，通过动态的检测查询，可以降低丢包率同时提高效率。

9.2.2　虚拟节点路由算法

DRA（Datagram Routing Algorithm）首次提出了虚拟节点模型，DRA 算法中将地球表面划分为数个逻辑区域，认为每个逻辑区域上方都存在一颗虚拟的卫星节点，根据卫星周期性运动的特性，得到一个静态稳定的网络拓扑，忽略卫星移动性带来的众多问题。基于虚拟节点模型的 DRA 算法旨在为每条请求找到一个传播时延最短的路径。利用虚拟节点策略得到的网络拓扑,根据入口节点与出口节点的相对位置以及轨道特性可以快速地计算出路由策略,同时算法还考虑了极区轨道交叉导致的轨道间链路失效问题。

LCPRA(Low-complexity Probabilistic Routing Algorithm)路由算法是基于虚拟节点路由策略进行改进的算法,算法主要处理当卫星节点收到包之后如何动态地选择下一跳节点。LCPRA 算法基于虚拟节点策略,一般用$<ki,rj>$来表示第 i 个轨道的第 j 个卫星,当卫星节点收到需要转发的包时,卫星节点从包头提取目的地址,然后对比目的地址的$<K,R>$,根据比较结果做出不同的策略。同时,算法在选择下一跳节点的时候考虑了极地 LEO 链路的问题,以及链路拥塞和延时的问题。

算法中将路由的决策分为三种情况。

1. Kc ≠ Kd & Rc = Rd

如图 9-5 所示,这种情况为入口卫星节点与出口卫星节点不在同一个轨道上但处在同一个水平线上,此时数据的传输只要水平传输即可,这种情况下还存在一种入口节点和出口节点都处在极区的情况,由于极区内的轨道间链路失效,所以在传输时要先向极区外传输。

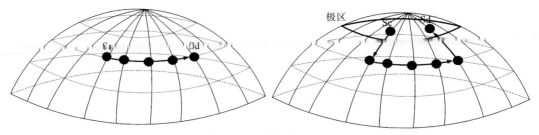

图 9-5 虚拟节点示意图

2. Kc＝Kd & Rc ≠Rd

这种情况为入口卫星节点与出口卫星节点处在同一条轨道上,由于轨道内的链路不会因为极区的影响失效,所以在进行同轨道的数据传输时无须考虑极区,但以时延为目标的路由策略需要考虑向北传输或是向南传输,因为轨道是一个圆圈,圈上两点存在最小距离,根据两个卫星节点的水平 ID 即可求得最短距离的方向。

3. Kc ≠Kd & Rc ≠Rd

虚拟节点示意图如图 9-6 所示。该情况为入口卫星节点与出口卫星节点不在同一轨道且不在同一水平线上,由于要考虑极区的情况,所以进一步分为入口节点与出口节点都不在极区、入口卫星节点在极区、出口卫星节点在极区。当两者都不在极区时考虑到纬度越高的区域,轨道间的链路越短,所以在进行水平传输前,先通过轨道内链路传输到高纬度区域然后再进行水平的轨道间链路传输,就可以实现最短路径传输。在面对出口节点在极区的情况时,由于极区内轨道间链路失效,先将数据传输到高纬度区域,然后水平传输到出口节点的轨道上,最后在通过轨道内的链路传输到出口节点即可实现最小时延的跨极区传输。同理,对于最后一种入口节点在极区的情况,遵循先进行轨道内链路数据传输来移出极区,再进行高纬度区域的低时延轨道间链路数据传输,最后进行轨道内链路的数据传输,即可实现最小时延的数据传输。

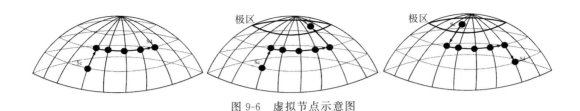

图 9-6　虚拟节点示意图

9.2.3　多层卫星网络路由算法

MLSR（Multilayer Satellite Routing）使用的是三层卫星网络模型，即 LEO 网络，MEO 网络以及 GEO 网络，并且首次在卫星网络中使用了卫星群管理策略。MLSR 算法旨在减少网络拓扑的计算复杂度和通信开销。MLSR 路由算法中每个 LEO 卫星收集链路延时信息，并将其报告给其 MEO 卫星管理器。该管理器通过同一层的不同卫星转发此信息。此过程由 MEO 和 GEO 层重新执行。最后，GEO 卫星计算路由表，然后将其发送到每个下层卫星。这种策略可以减少信令开销并保持层次结构。

多层卫星网络的分层卫星网络架构如图 9-7 所示，在分层卫星网络架构中，高层的卫星与其覆盖范围内的第一层卫星组成卫星群组，高层的卫星作为群组的管理者，对群组的组员卫星节点进行管理和支配。在卫星群组组建的过程中会出现低层卫星被多个高层卫星覆盖的情况，面对这种情况，通常低层卫星选取距离近的高层卫星作为管理者。由于卫星具有移动性，当卫星移出上层卫星的覆盖范围后，将脱离原来的卫星群组并加入新的卫星群组。

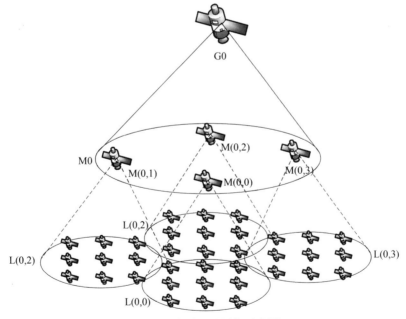

图 9-7　分层卫星网络示意图

基于上述的分层管理策略，MLSR 算法采用低层向高层传递链路信息，高层向低层反馈路由的策略，实现通过较少的控制信令开销完成网络的路由计算。为进一步简化网络拓扑的复杂度，MLSR 算法将一个群组的卫星群节点化，并用群组节点到其他节点的最长时延表示组间链路信息。

MLSR 算法首先进行 LEO 层卫星的链路信息的收集与上传。LEO 卫星测量并整理与自身相连的链路的时延信息，之后将信息通过层间的无线链路上传给管理者 MEO，MEO 卫星收到 LEO 上传的 LEO 层链路信息后，将信息发送到 MEO 层的其他节点，使 MEO 层的管理者节点可以获得 LEO 层的全局链路状态信息。

之后是 MEO 层卫星的链路信息收集与上传。类似于 LEO 卫星的链路信息收集和上传，MEO 卫星节点收集邻近链路的时延信息上传给它的管理者 GEO 卫星，不同于 LEO 卫星的上传，MEO 进行上传时需要上传 LEO 层和 MEO 层两份链路信息。GEO 卫星在收到 MEO 上传的信息后首先在 GEO 层传递信息，然后进行 LEO 群组的节点化来简化路由表计算的复杂度。

最后是路由表的计算和下发。链路信息收集和整理都完成后，GEO 卫星给其覆盖范围内的 LEO 卫星和 MEO 卫星计算路由表。路由表计算完成后 GEO 卫星开始下发路由表，路由表的下发类似于上传同样采用层层传递的上传机制。GEO 卫星将 MEO 卫星和 LEO 卫星的路由表都先发给 MEO 层卫星，MEO 卫星在下发 LEO 卫星的路由表前先根据之前收集的 LEO 链路信息确认路由表的准确性，然后再下发给 LEO 卫星。

SGRP(Satellite Grouping and Routing Protocol)路由协议基于卫星组网理论提出一个针对端到端延时和链路拥塞的路由算法，此算法旨在降低系统负载。在 SGRP 中 LEO 根据上层卫星覆盖程度选择一颗上层卫星进行接入，MEO 卫星负责管控覆盖范围内的 LEO 卫星，作为管理的 MEO 卫星对其管控的 LEO 卫星进行控制信令的数据交换以及路由表的计算。

9.2.4 卫星 QoS 路由算法

在上一节中，主要介绍了单一 QoS 需求指标下的卫星路由算法，针对单一 QoS 指标的路由算法可使用最短路径算法、多项式优化算法等进行求解。但当 QoS 指标增多后，如何选取合适的路由转变为 np 难问题，传统的求解算法处理 np 难问题较为困难，因此常采用启发式算法通过求解近似解可以有效处理 np 难问题。

针对卫星网络中的 QoS 路由问题提出了三种启发式 QoS 路由算法，分别为蚁群 QoS 路由算法、禁忌搜索 QoS 路由算法和遗传 QoS 路由算法。

1. 蚁群 QoS 路由算法

运用蚁群算法思想针对卫星网络特性求解路由，蚁群算法模拟蚂蚁觅食的特点，通过在路线中留下信息素告诉其他蚂蚁食物的位置，蚁群 QoS 路由算法针对卫星网络多跳传输特性，通过信息素密度的动态调整影响路由决策并最终求得可以满足 QoS 的路径。算法首先确定蚂蚁数目和蚂蚁生命周期，蚂蚁数目即为迭代次数。次数越多求解越精确同时需要的时间也越长，蚂蚁生命周期指每次迭代的时间，如果时间范围内没有到达目的节点则认为搜索失败并回退到之前的节点。

蚂蚁会根据信息素密度去概率的选择下一跳节点，

$$P(i,j) = \frac{\tau(i,j)}{\sum_{j \in \text{neighcor}(i)} \tau(i,j)} \tag{9-2}$$

式(9-2)表示蚂蚁在节点 i 通过链路 (i,j) 转移到节点 j 的概率,其中 $\tau(i,j)$ 表示链路 (i,j) 的信息素密度,它与链路的通信状态相关。

$$\tau(i,j)=\left(\frac{1}{d(i,j)}\right)^{e_1}\times\left(\frac{r(i,j)}{c(i,j)}\right)^{e_2}\times\left(\frac{1}{l(i,j)}\right)^{e_3} \tag{9-3}$$

式(9-3)中的 $d(i,j)$ 表示链路 (i,j) 的传输延时,$r(i,j)$ 表示传输速率,$c(i,j)$ 表示带宽,$l(i,j)$ 表示丢包率。

根据上述公式可以明显看出链路状态越好信息素密度就越大该链路被选择的概率也就越高,信息素密度的更新发生在蚂蚁移动后和迭代结束时,每次蚂蚁移动都会在移动的链路上留下信息素,即在链路上增加一定量的信息素密度。信息素密度更新规则如式(9-4)所示。

$$\tau(i,j)\leftarrow(1-\rho)\tau(i,j)+\alpha\times\left(\frac{1}{d(i,j)}\right)\times\left(\frac{r(i,j)}{c(i,j)}\right)\times\left(\frac{1}{l(i,j)}\right) \tag{9-4}$$

式中,ρ 表示衰减因子,α 表示路由影响因子。

当一次迭代结束后,被选择的路线会进行一次信息素增加的操作,提升有效路径被选择的概率,更新规则如式(9-5)所示。

$$\tau(i,j)\leftarrow(1-\rho)\tau(i,j)+\beta\times\sum_{i,j\in P(s,n)}\left(\frac{1}{d(i,j)}\right)\times\left(\frac{r(i,j)}{c(i,j)}\right)\times\left(\frac{1}{l(i,j)}\right) \tag{9-5}$$

式中,ρ 表示衰减因子,β 表示路径影响因子,$P(s,n)$ 表示从源节点到目的节点的路径。

同时模拟实际中信息素随时间挥发的特点,在结束迭代后所有链路上的信息素以一定比例进行缩减从而降低无效链路被选择的概率。更新规则如式(9-6)所示。

$$\tau(i,j)\leftarrow(1-\rho)\tau(i,j) \tag{9-6}$$

2. 禁忌搜索 QoS 路由算法

该算法旨在避开局部最优解,搜索全局最优解。算法定义了一个禁忌搜索表用来记录已经搜索完且有效的路径,选择新的路径时会避开禁忌搜索表中的路径从而做到脱离局部最优解。新的路径从当前选择的路径的邻居列表中选择,邻居列表中的路径都是由当前路径进行少量节点变换得到的,算法定义了一个评估函数,它是 QoS 指标的一个综合函数。当邻居列表中的路径大于 1 条时,选取评估值最好的路径作为新的路径。当迭代时间结束或邻居列表中没有有效的路径则结束搜索并输出禁忌表中性能评估最佳的路径。

3. 遗传 QoS 路由算法

该算法使用遗传算法对问题进行求解,遗传算法主要由编码、遗传、变异三部分组成。编码指将问题的解以一定的编码规则转变为二进制,便于后续的遗传和变异操作,遗传指将两个二进制编码的解以一定的形式进行交叉,从而产生新的解,变异指在遗传过后会以一定的概率对新解的二进制元素做变换操作,从 0 变 1 或从 1 变 0。算法首先将从源节点到目的节点跳数相同的解统一到一个列表中并对这些解进行二进制编码,然后将这些解两两遗传交叉产生新的解同时对新的解进行变异操作,最后评估这些新的解,淘汰不满足 QoS 要求以及性能较差的解。

4. 星间全局搜索路由算法 ISRA-SGN(Inter-Satellite Routing Algorithm by Searching the Global Neighborhood)

该算法是基于虚拟拓扑策略的路由算法,旨在为每对源节点和目的节点找到一条跳数最少时隙最短的路径。在虚拟拓扑策略中，路由策略是在一个时隙中定义的，即每个时隙有一个路由策略。ISRA-SGN 认为路径的选择可以在多个时隙里选择，例如，在时隙 t1 里节点 A 和节点 B 传输需要 3 跳，但在时隙 t2 时，A 节点和 B 节点的传输只需要 1 跳，因为新的时隙里有些链路重新建立起来。ISRA-SGN 算法基于这样一个思想提出了一个跳数与时隙之间的优化算法。ISRA-SGN 算法分为两种，第一种是 ISRA-SGN Based on MHMT（Minimum Hop-count Minimum Time strategy），第二种是 ISRA-SGN Based on MTMH（Minimum Time Minimum Hop-count strategy）。前者以时延作为优化目标，后者以跳数作为优化目标。

9.3 小 结

表 9-1 卫星网络中不同路由算法的性能比较

	优化目标	自适应性	适用场景	算法复杂度
DT-DVTR	时延	差	多层卫星网络	低
DDRA	时延、丢包	中等	多层卫星网络	低
DRA	时延	中等	单层卫星网络	低
LCRA	时延、丢包	中等	单层卫星网络	低
MLSR	时延、丢包	中等	多层卫星网络	中
SGRP	时延、丢包	中等	多层卫星网络	中
ISRA-SGN	时延、跳数	中等	单层卫星网络	高
蚁群 QoS	综合	好	多层卫星网络	高
禁忌搜索 QoS	综合	好	多层卫星网络	高
遗传 QoS	综合	好	多层卫星网络	高

卫星网络的路由算法从层次上可以分为单层卫星网络和多层卫星网络，单层卫星网络结构简单、轻巧方便，但算力和性能有限。多层卫星网络结合了不同层级卫星网络的特点，性能强大更加灵活，但同时也大大提高了管理的难度。从模型上可以分为虚拟拓扑模型和虚拟节点模型两种，虚拟拓扑模型的优势在于离线计算，充分利用卫星运动周期性特点，降低了对卫星的算力要求，但需要储存大量的路由信息，对存储能力要求较高。同时该模型的线上处理能力较差无法动态地适应网络变化。

虚拟节点模型利用卫星网络周期性特性屏蔽了卫星移动性，大大降低了对卫星节点储存能力的要求，同时可以有效地对实时的网络状态进行动态调整，但其鲁棒性较差，当卫星网络结构变化后需要重新进行建模。

面向 QoS 的路由算法旨在根据业务需求建立服务路径，由于多约束条件下求解有效路径属于 np 难问题，所以常用启发式算法进行近似求解。面向 QoS 的路由算法更具实际意义，再好的路由算法都最终服务于地面业务，如何利用多层卫星网络模型以及虚拟拓扑，虚拟节点模型建立针对业务的路由策略将成为日后的研究重点。

第10章　卫星地面融合网络缓存组播

本章将主要介绍星地融合网络中的缓存及组播的发展背景以及研究现状,并对典型的服务场景进行介绍。

10.1　广　播　机　制

过去的几年中,伴随着视频流服务的出现和发展,移动数据流量也面临巨大的增长。且由于多媒体内容的服务质量需求越来越高,越来越具有挑战性(例如在用户密度高的区域提供视频流服务),这种增长趋势有望在可预见的将来继续下去。由这些原因造成的移动业务量的指数增长给回程带来了沉重负担。未来的通信网络中,利用卫星的广播特性服务用户可以缓解回程网络的负担,具有巨大的潜力,因此在3GPP的TR 22.822中也将卫星广播作为重要的内容。在3GPP Release 14中指出要使移动网络以一种全新的和增强的方式实现电视服务的内容分发,可以直接通过标准化接口提供服务。系统的增强功能主要包括更大的无线广播范围、免费的播放服务以及数字视频信号的透明模式分发。

事实上,在未来的星地网络中,多种传输机制的有效结合,将是有利的发展趋势。Release14中就提到未来的改进场景将允许通过eMBMS(增强型LTE多媒体广播和多播系统)和单播的方式对移动设备和固定的TV设备的电视服务提供更好的支持。其主要取得的突破性进展包括:

移动网络运营商与用于多媒体分发和控制的服务提供商之间的一个标准化接口;用于改进的广播支持的无线增强;以及用于提供免费的仅收看广播的服务的系统增强。

这种方法可以扩展到星地网络中的应用,不仅可以解决视频内容的传输问题,而且还可以用来解决需要被分发到多个UE(User Equipment,用户设备)的任何形式的数字内容的传输。同时,考虑到卫星网络能够覆盖较大地理范围,并且具有独立运行的仅接收(receive-only)模式,亦可作为双向操作模式的补充机制,未来可提供的服务能力将会得到明显提升。

10.2　组　播　机　制

为了提供更高效的分发服务,在广播机制的基础上,多播(组播)机制逐渐被广泛地研究和应用。SANSA(Shared Access Terrestrial-Satellite Backhaul Network enabled by Smart Antennas)在其Delivery 4.4中专门讨论了"用于将流行的多媒体内容分发到地面分发网络的组播波束成形"。该文件进行了相关的技术描述和性能评估,以使能够通过SANSA中考虑的混合卫星-地面回程网络高效分发多媒体内容。卫星多播通信模式能够以一种有效的方式将流行的多媒体内容分发到地面内容分发网络(CDN)。更具体地说,星地组播网络框架促进了卫星多播传输的有效命中，并通过对通信资源（载波或带宽）进行相应的分配，结合合理的调度策略，完成卫星多播传输。

在多播场景中，还可以使用预缓存（proactive caching），以进一步减轻回程的负担并减少通信延迟。例如，可利用地面用户业务的潮汐现象等空时业务分布差异，采用卫星组播的方式定期更新地基网络缓存内容，这种混合卫星地面预缓存方案能够进一步提高内容分发的效率，提升系统吞吐量、降低内容服务器负载。

与单播机制相比，多播机制具有如下优点。

（1）减少网络带宽使用量：将单个数据包多播到多个接收者，仅当它必须遍历不同的链路才能到达所有预期的目的地时才对该数据包进行复制产生副本。与发生等次数单播传输的情况相比，多播节省了 $1/N$ 的带宽使用。这在通信资源有限且昂贵的卫星传输中特别有利。

（2）减少源处理负担：无论采用"尽力而为"（best effort），还是"可靠"（reliable）的多播传输模式，多播源都不需要维护关系到每个接收者的通信链路的状态信息。

目前，多播在地面（有线和无线）和卫星通信网络中均有相应的应用场景，作为支持提供流服务的手段，但在未来的持续发展中仍面临不少挑战。卫星通信相对于地面通信的明显好处是其提供通信无处不在的覆盖能力和统一的可访问性的能力。因此，卫星通信技术促进了固有的多播传输，有巨大的研究前景。卫星多播的好处总结起来有以下几点。

（1）更高的带宽效率：通过向多个接收器而不是单个目的地进行传输，并且消除了重复传输的需求，可以有效地利用可用频谱资源。

（2）提供统一的服务：通信无处不在的覆盖能力，不管位置如何，均能够提供统一的服务。服务水平的差异仅由波束覆盖范围内接收终端位置的差异引起。

（3）高容量和可扩展性：卫星网络比有线和无线地面网络具有更高的容量。此外，将服务扩展到新的接收者/位置所需的资源相对于用户设备的变化最少，网络服务成本变化较小，而相反，扩展地面通信网络通常在经济上不可行。

（4）高度可靠和安全的传输（访问、身份验证、授权）：通过使用卫星传输技术，能够将业务关键数据与标准 IP 流分开，保证分发，确保互联网连接，提供增强的可靠性和高达 99% 的网络可用性。

对于一个刚起步的通信技术而言，对其进行协议上的标准化将是很重要的一个环节。NORM（Oriented Reliable Multicast，定向可靠多播传输）协议处于 IETF 标准轨道上，通过 IP 多点传送网络将数据从一个或多个发送方可靠地传输到一组接收方。总体上讨论了可靠的多播协议的目标和挑战，定义了解决这些目标的构件，并解释了 NORM 的发展动因。NORM 中应用程序数据的端到端可靠传输是基于从接收方发送 NACK（Negative-ACKnowledgment）而发起来自发送方的修复传输。通过将自适应计时器用于协议操作，可以解决网络条件下的可变性。该协议旨在通过多种方式向更高级别提供其传输服务，以满足不同应用程序的需求。

多波束架构是一种最新发展的卫星通信技术，该架构允许在整个服务区域中积极应用的频率复用。如今，虽然常见的是"四色"频率重用模式，但随着容量需求的增加，下一代系统有望利用全频率重用方案。在这样的设置中，应该应用联合多波束预编码，以减轻由于在相邻点波束处传输同信道信号而引起的波束间干扰（IBI）。这种预编码方案应具有许多特征并考虑各种实际限制。为了减轻馈线链路的容量限制，部署了许多互连的分布式部分协作(即交换信道状态信息(CSI)但不交换用户数据)卫星网关(GW)。

最新的 DVB-S2x 标准，尤其是其新颖的超帧规范，为与先进干扰管理技术相关的新研究领域开辟了新方向，这些技术促进了高吞吐量卫星(HTS)系统的积极频率复用。DVB-S2x 帧结构特别适合于多组多播通信，在多组多播通信中，相同的数据被传输到多个接收器。在预编码设计中，应考虑卫星通信的多播性质。此外，已根据此类系统的延迟和传输功率限制对其进行了优化的各种卫星通信标准的帧结构，促进了基于帧的预编码(FBP)的利用，其中预编码操作不会影响基础帧结构体。在这种情况下，线性联合处理技术在应用于多波束卫星系统的前向链路时已显示出巨大的潜力。

10.3 卫星地面融合网络的缓存组播(多播)机制

在过去的四十年中，由于技术的进步和理论上的突破，互联网经历了非同寻常的变化和发展，开创了前所未有的可能性，并且已成为现代社会不可或缺的一部分，在某些情况下甚至影响和重新定义了人们日常生活的各个方面(例如，通信、商业、媒体、教育、娱乐等)。但是，这种进化过程还没有结束。它将继续朝着新的方向发展，未来将在全球通信网络引入新颖的服务和分发新型的内容。

预计在 5G 通信时代，这种趋势将以更快的速度持续下去。例如，思科对 2016 年至 2021 年的流量预测表明，在此时间间隔内，整体移动数据流量将增长 7 倍，到 2021 年，移动视频流量约占全球移动数据流量的 77.5%。预期的流量增长主要归因于设想的服务和用例的特征。例如，向用户提供 UHD 视频流，并在拥挤的区域(例如机场、火车站、购物中心、体育场等)支持增强移动宽带(eMBB)访问。

缓存已被认为是处理流量暴增影响的一种方法。缓存系统(例如由网络运营商或 CDN 提供商运行的 CDN)由放置在原始服务器和最终用户之间的多个节点(服务器)组成。通常，这些缓存节点安装在用户附近(即所谓的网络边缘)，并且每个节点与一组用户相关联。

缓存利用了用户请求中的冗余，在大型用户群体由于用户的共同利益而发起的聚合请求模式中更加体现出存储流行(即经常请求的)内容的重要性，以便将来的用户请求不是由远程源服务器提供，而是能够在本地得到服务。

缓存将资源下沉在用户侧，减少了回程和核心网络中的流量/带宽消耗，而且减轻了内容服务器的负担。

缓存方式避免了拥塞/瓶颈，具有较低的延迟和较高的吞吐量、QoS 得到改善，从而增强了可靠性(减少分组丢失和重传数量)，且降低了网络运营商和内容提供商的成本。另外，分布式缓存系统通过将内容复制到多个节点来增强服务可用性。

缓存方式主要包括两种，主动缓存和响应式缓存。在主动缓存(有时称为预取)中，内容是先验地(即在发出任何明确的用户请求之前)从源服务器传输到缓存节点的。这种方法采用半静态缓存存储，该存储定期更新。通常，将数据传输到高速缓存是在非高峰时间(例如晚上)进行的。主动缓存通常用于有效分发预录制的 IP-TV 和 Over-Top-OTT(OTT)互联网电视节目。

另一方面，在响应式缓存中，仅在请求内容时才缓存内容。这种方法可产生动态缓存存储，并按用户请求的速率进行更新。响应性缓存通常用于有效分发存储在托管平台(例如 YouTube)中或嵌入在网页和在线社交网络(例如 Facebook)中的视频。

实际上，对象的流行度会随着时间而变化，并且新对象可能会进入需求目录。每个对象的受欢迎程度演变的特征是朝着最大受欢迎程度快速增长，特别是对于初始受欢迎程度较低的年轻对象，然后是缓慢下降的阶段。

原则上，如果内容的流行程度高到足以使存储在缓存节点中的大部分内容变得无用，则内容流行度的意外更改可能会降低缓存效率。在将其加载到缓存中之后，只有几个请求。但是，一些研究表明，对象流行度的时间动态范围是在几天、几周或几个月的时间尺度上变化的。

有人建议将缓存作为解决巨大流量增长问题的一种有前途的解决方案，特别是作为 5G 网络的一项关键技术，以使内容更接近用户，从而使核心和接入网络不存在加载，内容分发的延迟更少。在这个方向上，根据中断概率调查了用户的服务质量和统一频道的延迟，这些工作进一步扩展到非统一渠道。缓存是减少流量负载的一种有前途的方法，如果将缓存和物理层（PHY）一起设计，则缓存会更加有效。考虑缓存内容可用性的 PHY 预编码，不仅能将流行的内容存储在缓存中（称为本地增益），还可用于减少网络流量负载并获得全局增益。

MEC 技术在移动网络的边缘提供了服务环境和云计算功能，可以立即有效地处理大量数据，降低服务时延，满足服务需求。分布式 MEC 服务器将计算资源下沉到网络边缘，不仅缓解了能力有限的用户设备的计算负担，还减少了将任务卸载到远程云服务器的时延。综合星地网络和边缘计算的优势，双边缘星地网络（Double-Edge Satellite-Terrestrial Networks，DESTN）的概念被提出，网络服务的覆盖和处理能力均得到提升，以满足下一代通信网络的需求。

星地混合双边缘网络（Hybrid Satellite-Terrestrial Double-Edge Networks，HSTDEN）场景如图 10-1 所示，其主要由三部分组成：地面网络、卫星网络和核心网。在此网络架构中，每个带有卫星终端的基站（Satellite-gNb，S-gNB）和卫星都配有容量受限的 MEC 服务器（T-MEC，S-MEC）。卫星可以提供多播和单播的分发机制。前者面向全局流行的请求文件，而后者面向本地长期未得到服务的所堆积的局部较高热度请求，它专门用于避免等待很长时间的全局低热度的文件需求，平衡网络服务能力。

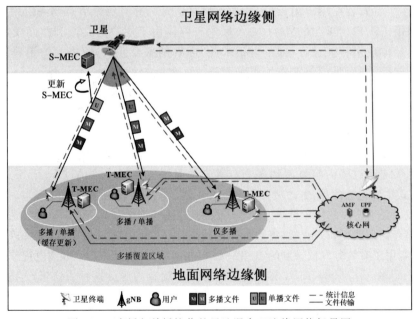

图 10-1　多播与单播协作的星地混合双边缘网络场景图

HSTDEN 主要有三种服务方式：第一种方式具备协作的多播/单播传输（Cooperative Multicast-Unicast Transmission，CMUT）机制，并且在卫星单播阶段存在缓存更新（CMUT-Update，CMUT-U）；第二种方式中，在 CMUT 的单播阶段没有缓存更新；第三种方式是卫星仅提供多播的场景（Multicast-Only Transmission，MOT）。

星地双边缘缓存系统的信令交互的简化过程如图 10-2 所示。在卫星控制的内容分发网络中，地面会周期性地上报地面未得到服务的请求统计结果，卫星进行汇总。利用星上的处理能力，对汇总的结果进行热点分析，决定广播和多播的比例，并根据请求热度和请求的区域广度综合选择分发的文件。基站在得到内容后，按照前述方式决定是否缓存（与主用户节点协作缓存）。此外，卫星的文件可通过星间传输或从核心网获取。卫星的缓存受控因素有但不限于当前区域卫星剩余服务时间、文件大小、文件的紧急程度、文件的请求热度、当前卫星与地面或卫星之间的链路特征和卫星能量状况，通过算法综合考虑这些因素，得出缓存结果，若缓存空间已满，则根据综合计算指标可进行动态替换。

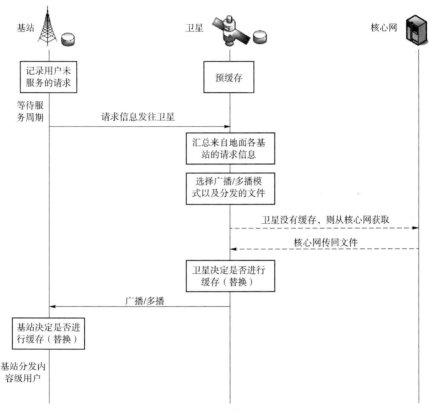

图 10-2　星地双边缘网络信令交互简化过程

在上述网络架构中，基于提出的 CMUT 机制，一个请求得到服务有三种可能发生的情况，如图 10-3 所示。图 10-3（a）中展示的是理想情况，即被请求的文件缓存在本地的T-MEC内，则本地基站直接将文件传给请求产生的用户。该类请求也将会被记录下来，以用于后续的地面缓存放置和更新。图 10-3（b）表示本地的 T-MEC 没有缓存目标文件，但卫星缓存了该文件。该过程为每个 T-MEC 分别计算未在本地缓存的每个文件的请求数，并周期地向卫星报告统计数据。基于上述统计数据，卫星根据其当前的传输机制（多播或单播)对应的分发策略选择文件,完成此次服务。图 10-3(c)表示的情况是 S-MEC 尚未缓存被选为多播或单播的文件,其需要从核心网获得,这一过程可能会影响 S-MEC 的缓存放置或更新。

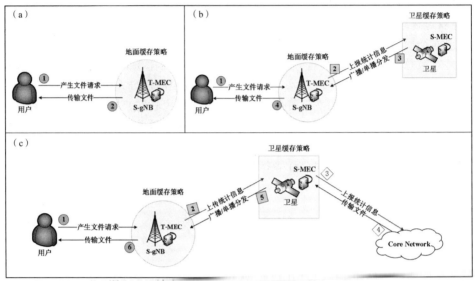

图 10-3 请求被满足的三种可能情况下的服务流程

(a)表示本地有缓存;(b)表示卫星处有缓存;(c)表示卫星处尚无缓存

此外,在真实的地面网络中,不同基站覆盖范围内的用户请求存在差异,广播的内容不一定被所有基站需要,而通过组播既可以节省频带资源,也可以提高分发效率。如图 10-4 所示,为星地融合网络中的组播网络架构。如前所述,由于卫星具有广域覆盖的能力,其服务的区域可以打破地理隔离,且对地面不可达区域进行数据服务,从而实现逻辑分组,即相似业务需求的基站(或用户)被分到一组。各组之间采取频分复用的方式,组内各基站共享所在组所分配到的带宽,在一次分发中接收相同的内容。

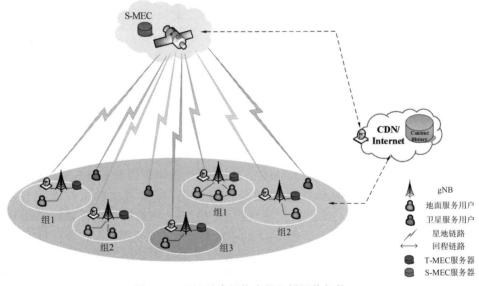

图 10-4 星地融合网络中的组播网络架构

10.4 小 结

目前通信网络最大的挑战在于如何应对持续增加的巨大业务流量,并研究业务规律使网络具有自适应的能力,以提高服务性能。从目前的星地网络研究现状可以分析得出:

卫星日益增强的处理能力给星地网络的整体性能带来提升,但目前卫星服务方式的应用较为单一,且对星上处理能力的开发不够彻底。卫星具有广域分发的优势,且通过与地面构建多层缓存可以提升服务效率。但目前卫星缺乏对覆盖范围内的地面资源的协作调度,且在该调度场景中对星地缓存内容的整体优化研究不足。卫星的组播传输能够兼顾需求的个性和共性,但已有研究在分组时缺乏对多因素及实际需求角度上的考虑。

综上所述,基于不断发展的信息技术和日益增强的网络能力,星地融合网络中的缓存和组播具有广阔的应用前景,为地面需求的大量增加且需求多样化趋势的问题,提供了一种新的解决思路。

第 11 章　卫星地面融合网络计算任务卸载

本章将主要介绍卫星地面融合网络中的计算问题,其中包括双边缘计算架构和多级边缘计算架构的介绍。双边缘计算体系针对计算卸载解决星地协作方面的问题;多级边缘计算体系针对计算迁移解决地面计算业务分布不均匀的问题。

11.1　卫星任务卸载模型

11.1.1　星地融合网络计算卸载架构

卫星一直以来作为管道辅助地面的通信业务,如今随着卫星各方面硬件技术的发展完善,星上计算载荷的应用初具规模,传统意义上卫星的定位可能已经不适应今后的发展,很多新研究思考认为卫星可以起到更多原本地面节点发挥的作用。目前已经有研究将星地融合网络和移动边缘计算结合起来,比如提出了卫星移动边缘计算 SMEC 的概念。其作者认为 SMEC 可以为没有地面边缘节点的业务通过卫星近端 MEC 或者卫星远端 MEC 来提供计算服务;除此之外,有地面边缘节点的计算任务也可以通过地面近端 MEC,卫星近端 MEC 和远端 MEC 协作卸载。目前星地融合网络和移动边缘计算都在研究发展的热点中心,将其结合也明显具备诸多收益。星地融合网络的边缘计算的两个基本优点为计算分流和内容缓存,从计算分流来说,本地计算节点能力有限但也没必要都和远程云交互,星地融合网络的边缘计算就可以提供普适性大范围的计算服务;内容缓存同时通过卫星和地面阶段也可以进一步减少网络传输,避免拥堵。

星地融合网络的计算卸载与传统的地面网络计算卸载非常不同。传统的地面网络计算卸载只为部署了大量通信基础设施的密集用户提供计算卸载的服务,星地融合网络需要同时为稀疏地区用户和密集地区用户提供计算卸载服务。低轨卫星网络的覆盖能力使得大面积稀疏用户可获得服务,但为稀疏用户部署区域 MEC 提供服务的成本高昂非常不现实。因此本章就要介绍如何为广大覆盖范围内的用户提供 MEC 服务,适用于此的融合网络计算卸载架构划分为多级边缘计算。提供 MEC 服务的各个边缘计算节点分为地面近端边缘计算节点,卫星近端边缘计算节点和远端边缘计算节点。为了解决稀疏用户和密集用户在星地融合网络中协同计算卸载问题,主要通过近端地面边缘节点和近端卫星边缘节点组成的双边缘计算体系来对任务进行协同卸载。在星地融合网络的广泛覆盖下,各区域业务分布的时空不均匀性导致的计算潮汐效应可以通过近端星地边缘节点和远端边缘节点构成的多级边缘计算迁移体系来解决。

星地协作边缘计算体系希望获得卫星和地面网络以及边缘计算的优势,从而支持新一代通信网络的需求,所提出双边缘计算体系能够解决稀疏用户和密集用户在星地融合网络中协同计算卸载问题。作为计算资源池的控制中心,接入卫星即近端卫星边缘节点及其覆盖的地面边缘服务器和其他四个建立 ISL 的卫星边缘服务器为该区域提供计算卸载服务。卫星和地面边缘服务器可以分别为稀疏和密集用户提供边缘计算服务,也可以统一管理计算资源进行协作卸载。

　　双边缘计算体系中,星地协同双边缘计算网络主要分为卫星边缘侧和地面边缘侧,卫星边缘节点和地面边缘节点具备直接通信能力而且低轨卫星目前及未来将普遍用于高速数据业务。所以基于星地之间较高的通信速率,可以在遇到大量计算任务时进行卫星边缘节点和地面边缘节点的协作计算卸载,如图 11-1 所示。近地轨道(LEO)卫星网络使用的是铱星星座,其 66 个节点分布在 6 个轨道上。每颗卫星与周围四颗卫星建立一个卫星间链路(ISL)。每颗卫星都有四个卫星间链路:两个在同一轨道平面上前后相邻,另外两个在每一侧相邻平面上相邻。LEO 卫星使用多波束点覆盖地面网络。采用时分多址(TDMA)方案,将同一点波束中的地面边缘节点与卫星相连。MEC 服务器部署在地面基站和卫星上,形成具有双边缘计算能力的卫星地面网络。

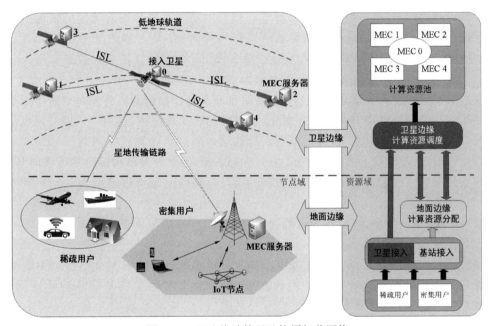

图 11-1　双边缘计算星地协同卸载网络

　　双边缘架构划分为节点域和资源域,节点域的地面边缘和卫星边缘分别映射对应的资源域进行资源管理构成双边缘协作机制。当计算资源池中 MEC 服务器的计算负载超过给定阈值时,时延容忍任务被卸载到次级边缘服务,以便在近端边缘服务器上为处理延迟敏感的任务留出足够的计算资源。地面边缘节点根据处理优先级对所有任务进行排队。对于低于该区域卫星地面边缘服务器处理能力阈值的任务,将从队列头中取出并在地面边缘服务器中处理,而超过地面阈值的任务将发送到访问卫星。

11.1.2　星地混合计算卸载模型

　　单个用户计算任务卸载到匹配的边缘计算节点的成本考虑为任务完成的时延成本和边

缘计算系统能耗成本。处理卸载任务的总延迟可分为三部分：传输延迟、传播延迟和计算延迟。传输时延是卸载任务在收发信机上经过的时间，取决于任务大小和收发信机的传输速率；传播时延是电磁波在物理信道上经历的时延，取决于收发端的物理距离和任务经历的跳数；计算时延是边缘计算节点处理卸载任务的时延，取决于任务大小和处理器的计算能力。时延成本通过建模为通信模型和计算模型来计算。

边缘服务器上的系统能耗可分为两部分：传输能耗和计算能耗。传输能耗是发送计算任务的耗能，取决于发射功率和任务大小。计算能耗是边缘计算节点处理卸载任务的能耗，与卸载任务大小有关。边缘服务器的能源成本可以通过能源模型来计算。

1. 通信模型

首先通过建立通信模型可以计算得出每个任务耗费在传输和传播过程中的时延。设定第 k 个地面边缘节点上有 N 个计算任务，将计算任务 $n(n=1,2,\cdots,N)$ 的任务大小记作 W_n bit。将地面边缘节点与接入卫星的上行传输速率记作 R_{gnd}，接入卫星地面接入基站的下行传输速率记作 R_{sat}。因此上行传输时延可以得到为 W_n/R_{gnd}，地面边缘节点与接入卫星的下行传输时延也可以计算得到为 W_n/R_{sat}。接入卫星与其直接建立通路的临近卫星的传输速率记作 R_{ISL}，星间链路的传输时延就可以得到为 W_n/R_{ISL}。如果任务 n 被卸载到接入卫星，总传输时延可以表示为 $T_{n,1}^{tx}=W_n/R_{gnd}+W_n/R_{sat}$。如果计算任务卸载到非接入卫星边缘计算节点 $m(m\neq 1)$，总传输时延可以表示为 $T_{n,m}^{tx}=T_{n,1}^{tx1}+2W_n/R_{ISL}$。$T^{prop\_up}$ 和 $T_n^{prop\_dwon}$ 是地面边缘节点和接入卫星之间的上行传播时延和下行传播时延。传播时延由于卫星绕轨道高速移动与地面节点距离一直动态变化，所以时刻在变化之中，这两个传播时延由仿真平台实时提供。得到传播时延后，就可以得到总的通信时延。计算任务卸载到接入卫星的总通信时延可以定义为 $T_{n,1}^{rt}=T^{prop\_up}+T^{prop\_dwon}$。设定 T^{prop_ISL} 为星间链路的传播时延，计算任务卸载到非接入卫星边缘计算节点 $m(m\neq 1)$，总传输时延可以表示为 $T_{n,m}^{rt}=T_n^{prop\_up}+T_n^{prop\_dwon}+2T_n^{prop\_ISL}$。

最后，通过以上推导，可以得到总的通信时延：$T_{n,m}^{comm}=T_{n,m}^{tx}+T_{n,m}^{roundtrip}$。

2. 计算模型

其次通过计算模型可以得到在边缘计算节点耗费的计算时延的大小。其中需要考虑的主要三个因素就是边缘计算节点的计算能力，这决定了每个任务能分到的计算容量、任务大小和计算密度，计算密度一般是一个固定值，在基本参数配置表给出了参考。定义 f_m 为计算节点 m 的计算容量，并且定义 γ_n 为其处理密度，单位为 cycle/bit。设定 $match(n,m)$ 表示计算任务 n 和提供边缘计算的服务节点 m 之间的一个匹配。就是说，当 $match(n,m)=1$ 的时候，任务 n 在节点 m 上被处理，否则 $match(n,m)=0$。因此可以推导出任务 n 在节点 m 上可以获得的计算资源为

$$f_n=f_m/\sum_{n=1}^{N}match(n,m) \tag{11-1}$$

通过任务 n 在节点 m 占用的计算资源可以推出任务 n 的计算时延：

$$T_{n,m}^{comp}=W_n\gamma_n/f_n \tag{11-2}$$

有了通信时延和计算时延，就可以得到任务在计算卸载过程中的总时延：

$$T_{n,m}^{to}=T_{n,m}^{comm}+T_{n,m}^{comp} \tag{11-3}$$

3. 能耗模型

计算任务卸载过程中产生的能耗分为两个方面，一个是通信过程中的传输能耗，另一个是

计算处理过程的计算能耗。首先考虑传输能耗,设定 p_{gnd} 为地面边缘计算节点向接入卫星的发射功率,p_{sat} 为接入卫星向地面节点通信的发射功率,设定星间传输功率为 p_{ISL}。定义 ε_m 为每个 CPU 一个周期的能耗成本。任务 n 在接入卫星上被处理,消耗的能量可以表示为

$$E_{n,1}=(W_n p_{gnd}/R_{gnd}+W_n p_{sat}/R_{sat})+\varepsilon_m W_n \gamma_n \tag{11-4}$$

非接入卫星处理任务 n 产生的能耗表示为

$$E_{n,m}=E_{n,1}+2W_n p_{ISL}/R_{ISL} \tag{11-5}$$

4. 仿真基本参数配置(表 11-1)

表 11-1 仿真平台通信参数

上行信道	
中心频率	20 GHz
带宽	800 MHz
传信率	5 Mbit/s
下行信道	
中心频率	30 GHz
带宽	800 MHz
传信率	25 Mbit/s
收发信机参数	
调制方式	QPSK
发射功率	2 W
发射器增益	43.2 dB
接收器增益	39.7 dB
卫星参数	
卫星轨道高度	780 km
卫星速率	7.5622 km/s

11.2 星地融合任务卸载机制

11.2.1 星地控制群机制

本小节将具体介绍双边缘计算体系中近端地面节点和近端卫星节点如何协同进行计算卸载,首先说明星地协同控制机制。当某个地区产生瞬时大量业务时,地面节点判定需要启用星上计算资源并将请求发送给接入卫星。此时,接入卫星作为控制群中心开始建立基于双边缘计算卸载的星地控制群机制。定义控制群中三个实体。

(1)中心控制部分:低轨卫星网络中的所有与地面节点建立通信链路的接入卫星都是潜在的中心控制节点,当有地区需要启用星上计算资源时,该地区所在接入卫星承担起中心控制节点的功能。中心控制节点的任务主要为两点:①对地调度:当同一卫星覆盖范围内的地面多个地区同时产生瞬时突发业务时,每个地面节点需要移交给星上处理的业务量和紧急类型不同,所以作为控制中心的接入卫星通过分析地面节点的请求,为其分配计算资源以及传输带宽以提高计算卸载服务质量。②对星调度:依据计算任务的类型和大小不同,调度该地区所在控制群的计算资源,为所有移交星上的计算任务匹配 MEC 服务器。

（2）地面边缘部分：在单颗 LEO 覆盖范围内的由部署 MEC 服务器的地面边缘节点组成的地面边缘节点群。地面边缘节点的任务包括：①当需要将计算任务移交星上，先向接入卫星请求。接入卫星依据覆盖地区内所有请求和星上资源池可用情况向各个地面节点下发允许移交任务量并分配传输带宽，地面节点依据返回信令设定门限，高于门限的任务移到交星上。②依据业务类型和任务大小为各类业务排队，并判决计算任务是在本地处理还是移交星上。

（3）卫星边缘部分：由接入卫星及其周围一跳内的四颗或多颗卫星资源共同构成一个"资源池"，对接入卫星覆盖地区卸载到星上的任务进行分布式计算处理或通信服务。

11.2.2 密集用户计算卸载流程

在双边缘计算卸载过程中，当计算负载低于地面 MEC 服务器的处理能力阈值时，地面 MEC 服务器可以自行完成卸载任务。然而，当大量突发卸载任务堆叠在地面 MEC 服务器中时，当 MEC 地面边缘服务器的计算负载超过给定阈值时，任务被卸载到卫星边缘服务器。具体的卸载流程如图 11-2 所示。

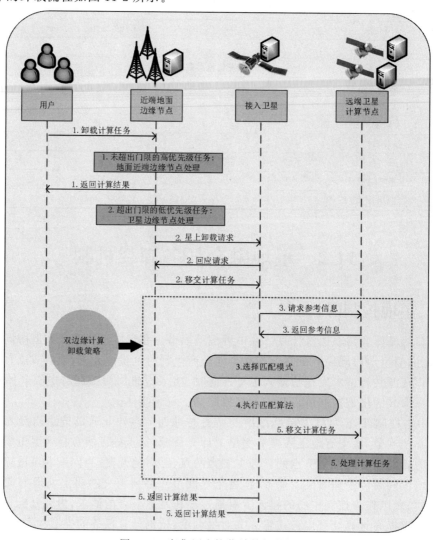

图 11-2　密集用户协作计算卸载流程

卸载流程可以描述为：

（1）终端将卸载任务发送到 S-eNodeB，地面 MEC 服务器处理低于阈值的卸载任务。

（2）过载的地面 MEC 服务器向接入卫星发送卸载请求。地面 MEC 服务器接收到应答后，将超过门限的卸载任务发送给接入卫星。

（3）接入卫星获取其他卫星的通信计算信息，选择可调度和匹配的卫星边缘服务器。

（4）接入卫星在选择的模式下计算成本矩阵，执行双边缘计算卸载算法。

（5）根据分配结果向匹配卫星发送任务，计算卸载任务。

11.2.3 稀疏用户计算卸载流程

在稀疏用户地区，没有地面边缘侧的部署，用户需要通过覆盖区域的接入卫星进行计算卸载。稀疏用户卸载流程图如图 11-3 所示。

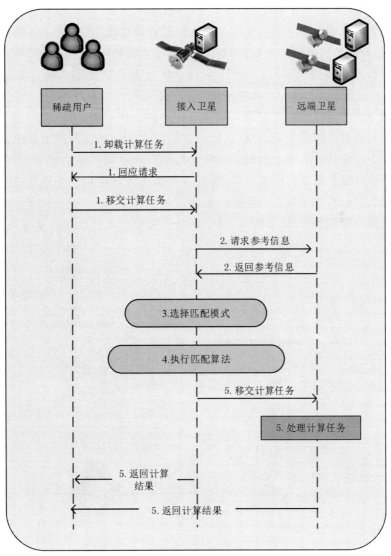

图 11-3 稀疏用户协作卸载流程图

卸载流程描述为：

（1）终端将卸载任务请求发送到近端卫星边缘节点，收到应答后将需要卸载计算任务发到接入卫星；

（2）接入卫星获取其他卫星的通信计算信息，选择可调度和匹配的卫星边缘服务器；

（3）接入卫星在选择的模式下计算成本矩阵，执行双边缘计算卸载算法；

（4）根据分配结果向匹配卫星发送任务，计算卸载任务；

（5）处理完计算任务后通过接入卫星再返回计算结果。

11.3 多级边缘计算迁移模型

11.3.1 多级边缘计算网络架构

双边缘计算架构中主要考虑一个区域内大量任务通过双边缘计算机制来让星地协作计算卸载，从而提升该地区的服务质量。但在星地多级边缘架构下，这种局部优化不能够使得整个网络的资源充分利用。同时，某些任务过载区域本可以进一步通过其他轻载区域来均衡。

所以本部分从更大范围的角度来考虑计算任务卸载的问题。从资源利用的角度考虑，星地融合网络具有覆盖范围优势，可以将所有分散的边缘计算资源联系起来进行统一的计算资源池化。在计算任务分布上的时空不均匀性会导致不同区域边缘节点的负载差异，负载较重的边缘节点服务质量会因此下降，所以在多级边缘调度机制下迁移任务平衡各个边缘计算节点的负载对系统整体会产生积极影响。

多级边缘网络架构如图 11-4 所示，整个网络体系包含地基近端边缘网络，天基近端边

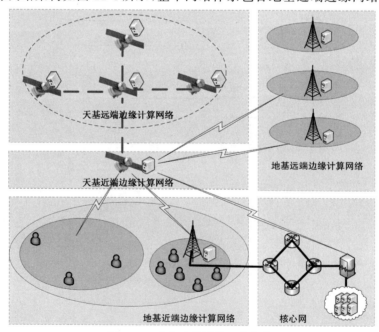

图 11-4 多级边缘计算网络架构

缘网络,地基远端边缘网络和天基远端边缘网络以及核心网。地基近端边缘网络只在密集用户区域才会有部署,稀疏用户区域没有地基边缘网络的部署,可以通过地面终端站等中继方式或者直接接入覆盖范围内的低轨卫星的方式进行部署。作为天基近端边缘计算节点的低轨接入卫星可以直接辅助稀疏用户进行计算服务,也可以在密集用户区域辅助地基近端边缘计算节点处理计算任务。同时,天基远端边缘节点和地基远端边缘网络都是天基近端边缘节点的可调度计算系统,通过低轨卫星网络的覆盖优势和宏观视角可以充分发挥利用闲置计算资源。

11.3.2 多级边缘计算模型

1. 节点和任务模型

融合后所有可以提供边缘计算服务的地面节点的基本都是异构的,处理能力差别很大。考虑到所有节点能力不同,必须有效评估节点实际计算能力,才能进行合理的任务迁移来实现有效负载均衡。要评估服务节点实际的能力,要从处理的任务着手,因为本章研究计算任务的分配,所以要合理评估出各个节点处理计算任务的真实能力,本章沿用第 10 章的计算容量 f_m 表示节点 m 的计算能力。

每个节点都有接收任务的任务队列,而模拟地面业务生成任务的任务产生模型按照泊松分布向边缘计算节点发送计算任务:

$$P(X=k)=\frac{\lambda^k}{k!}\mathrm{e}^{-\lambda},k=0,1,\cdots,\lambda \tag{11-6}$$

在每个信源节点通过设置其分布函数的期望 λ 来模拟不同区域业务时空不均衡的特性。

2. 迁移时延模型

计算任务在迁移过程中产生的总时延必须低于在原节点处理时延的时候,才值得被迁移。时延成本包括通信时延、排队时延、计算时延。总时延可以由式(11-7)得到:

$$\mathrm{ET}(w_i,p_j)=\mathrm{VT}(w_i,p_j)+\mathrm{UT}(w_i,p_j)+\mathrm{WT}(w_i,p_j) \tag{11-7}$$

式中,第一部分的计算时延的计算方法由计算密度 α,任务大小 w_i 和节点计算容量 f_j 计算得出:

$$\mathrm{VT}(w_i,p_j)=\frac{\alpha w_i}{f_j} \tag{11-8}$$

通信时延由传输时延和传播时延组成,当任务不发生迁移,通信时延成本为 0,当发生迁移时由两部分时延相加构成,公式如下:

$$\mathrm{UT}(w_i,p_j)=\begin{cases}0, & j=k\\\sum\limits_{k\to j}(T_{ij}^{\mathrm{tran}}+T_{ij}^{\mathrm{prop}}), & j\neq k\end{cases} \tag{11-9}$$

等待时延取决于所在节点任务队列中该任务之前所有任务执行时间总和,仿真系统中通过中断模拟该过程可以计算得出每个任务的等待时间,计算公式如下:

$$\mathrm{WT}(w_i,p_j)=\sum_{i=1}^{i-1}\mathrm{VT}(w_i,p_j) \tag{11-10}$$

3. 计算负载模型

1) 负载大小衡量

计算任务负载衡量的准确与否是进行负载平衡的基础,由于大尺度空间范围业务计算任务时空不均衡可以通过任务的到达密度和大小来体现。如果直接认为各个节点的计算任务量是负载的体现是非常不合理的,因为每个节点计算能力不同。虽然有些节点处的任务到达率更高,但是其实际处理能力也较高,这也是边缘节点在部署前会考虑到的问题。所以每个计算节点可以通过监控本节点的任务队列实时情况来衡量负载大小。同时通过仿真平台设计机制模拟的计算机制可以体现异构计算节点的性能差异,将节点实时队列情况和节点计算能力组合为负载大小比较衡量真实的节点负载。

$$\text{load}(P_i) = \frac{w_i}{f_i} \tag{11-11}$$

如果直接认为各个节点的计算任务量是不均衡的体现是非常不合理的,因为每个节点计算能力不同。虽然有些节点处的任务到达率更高,但是其实际处理能力也较高,这也是边缘节点在部署前会考虑到的问题。

使用任务数和计算容量的比值作为系统计算迁移时衡量负载的基本单位,首先是考虑到这两个参数在每个节点都可以较为方便地获取,实验中也能较好反应每个节点真实的阻塞情况,即和任务实际队列等待时间趋势一致。

2) 负载状态判定

通过两个负载门限将节点负载状态划分为三类。轻载门限 W_{inf} 和重载门限 W_{sup},此处负载计算方式由式(11-11)来衡量。

(1) 当节点计算任务负载 $\text{load}(P_i) < W_{inf}$ 时,节点处于轻载状态,可以接收其他节点迁移过来的计算任务。

(2) 当节点计算任务负载 $W_{inf} < \text{load}(P_i) < W_{sup}$ 时,节点处于适载状态,不接收其他节点的迁移任务,也不请求迁移自己的计算任务。

(3) 当节点计算任务负载 $\text{load}(P_i) > W_{sup}$ 时,节点处于重载状态,需要迁移计算任务到其他节点完成。

3) 不均衡度定义

通过节点定义负载值,计算所有节点的负载值方差作为负载不均衡度的衡量

$$\Omega = \frac{100}{N} \sum_{i=1}^{N} \left(\text{load}(P_i) - \frac{1}{N} \sum_{i=1}^{N} \text{load}(P_i) \right)^2 \tag{11-12}$$

不均衡度可以较好体现节点实时队列的任务情况,不均衡度越高,各个节点计算任务队列的长度越大。

11.4　多级边缘计算迁移机制

11.4.1　多级边缘计算迁移流程

多级边缘网络计算任务迁移的流程如图 11-5 所示。终端将计算任务卸载至近端边缘计算节点,在近端边缘计算节点能力范围内为其提供计算卸载服务。同时近端天基边缘节点周期性收集已经接入的地基边缘节点负载信息,监控发现异常后通过所提算法进行轻载节点和重载节点的匹配。天基近端边缘计算节点反馈给各个过载节点匹配结果后,各个节点开始迁移计算任务至匹配的边缘计算节点,完成处理后将计算结果返回。

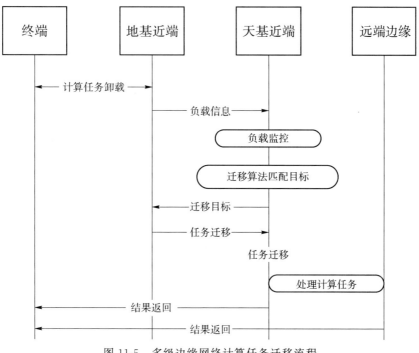

图 11-5　多级边缘网络计算任务迁移流程

11.4.2　多级边缘计算迁移机制

考虑到低轨卫星的高速移动,与地面节点相对位置实时变化,所设计的负载均衡算法必须要足以有效应对卫星和地面节点大概每十分钟一次的切换。如果以计算任务为中心进行负载均衡的分配,调度复杂度无疑较高,而且在卫星切换后计算已经迁移的计算任务的迁回就需要对每个任务进行处理,这样无疑会造成作为调度中心节点的低轨卫星的大量开销。

基于低轨卫星的特点,设计一种基于节点匹配的负载迁移策略。完成匹配后,重载节点在周期内对轻载节点持续迁移计算任务。不管两个节点在周期内切换至哪一颗卫星,由于低轨卫星端到端通信机制完善,地面节点都可以快速路由迁移已完成的计算任务。

表 11-2 为地面计算节点和卫星调度节点周期交互负载表,低轨卫星周期性对控制范围内的地面计算节点进行负载信息收集,并对重载节点和轻载节点进行匹配以迁移计算任务。

表 11-2　星地周期交互负载表

节点编号	接入卫星	节点性能	队列任务数	周期任务数	负载状态
N1	S1	L(N1)	M1	轻载	轻载
...	...	...	...	...	...
Nn	Sn	L(Nn)	Mn	重载	重载

多级边缘计算迁移机制描述如下:

(1) 低轨卫星周期性收集接入的地面节点的负载信息,确定实时负载值,写入负载统计

表中,将统计表中重载节点依据负载由大到小写入重载表,轻载节点依据负载由小到大写入轻载表;

（2）遍历重载表,依次从轻载表中取出一个节点与重载表节点匹配,若轻载表中非空且重载表遍历完毕,则循环遍历重载表直至轻载表为空;

（3）依据第二步,每个重载节点匹配对应了多个轻载节点,计算出它们的平均负载:

$$\overline{w} = \sum_{k=1}^{n} w_k / \sum_{k=1}^{n} f_k \tag{11-13}$$

依据计算得到的平均负载,判定每个轻载节点是否参与计算任务迁移:

$$z_j = \overline{w} f_j - w_j \tag{11-14}$$

如果计算结果大于 0,则节点 j 参与计算任务迁移。每个参与迁移的轻载节点选出后,重载节点 i 迁移到轻载节点 j 的迁移比例为

$$P_{ij} = (\overline{w} f_j - w_j) / w_i \tag{11-15}$$

（4）依据匹配结果通知迁移节点双方,发送迁移指令;

（5）计算节点收到迁移信令,开始迁移计算任务。

11.5 小 结

在星地融合网络中实现 MEC 的场景与传统的地面蜂窝网络非常不同。为少数用户部署一个地面边缘 SMEC 服务器在经济上是不现实的。另外,低轨卫星的覆盖面积比区域卫星的覆盖面积要大,如何为星地混合中覆盖范围较广的用户提供 MEC 服务需要慎重考虑。由于卫星的覆盖优势可以考虑整合地面边缘计算资源进行更大范围的计算资源的充分利用,以解决时空不均衡导致的计算资源利用不均衡,还可以据此对突发性的大量任务进行分布式处理,缩短响应时延。

本章实验旨在研究双边缘协作卸载机制下,不同的计算资源分配策略对性能的影响,因此主要从两个维度进行分析讨论。一项指标为任务总平均时延,可以非常直观地体现用户服务质量;另一项指标为系统能耗,对于星上能耗有限的双边缘系统尽可能降低能耗颇有意义。通过进行多次实验,仿真出了不同任务总数下各个算法的平均时延和系统能耗,并绘制出折线图对比结果。

在计算卸载过程中引入了三种匹配模式,并将该算法用于 TCM 模式和 ECM 模式的匹配。在 TCM 模式下,根据通信模型和计算模型得到一个时间代价矩阵,并将该矩阵作为算法输入,以减少任务卸载的平均延迟。该算法在 TCM 模式下被记录为 DECO-TCM。在 ECM 模式下,根据能量消耗模型得到能量消耗矩阵,作为算法输入,降低系统能量消耗。该算法在 ECM 模式下被记录为 DECO-ECM。三种模式表述如下。

FPM(固定轮询模式):卸载任务按队列顺序轮询并分配给每个 MEC 服务器。该模式不执行匹配算法,当所有任务完全相同时,可以节省控制开销。

TCM(时间代价模式):为了最小化所有卸载任务的平均延迟,算法以时间代价矩阵作为输入,得到最小平均延迟分配结果。

ECM(能量代价模式):为了最小化卸载过程中边缘服务器的能量消耗,以能量成本矩阵作为算法输入,得到边缘服务器分配时系统能量消耗最低的结果。

图 11-6 比较了三种不同任务数的任务分配方案的平均任务卸载时延。随着卸载任务数量的增加，这三种方案的平均卸载延迟也随之增加。显然，在 FPM 方案下，平均卸载延迟总是高于其他两个方案。而在 DECO-TCM 方案下，平均卸载延迟总是最低的。DECO-TCM 方案和 DECO-ECM 方案的平均卸载延迟相当接近。当任务数为 5 和 10 时，DECO-TCM 方案和 DECO-ECM 方案的平均延迟相同，这是由于在这两个点上的准确分配结果完全相同。此外，当任务数为 20～30 时，由于两种模式的分配结果重叠，两种模式的延迟相对较近。当任务数为 15 时，平均时间延迟异常高，因为模拟通常对较大的任务是随机的。与 30 个任务相比，DECO-TCM 的平均时延比 FPM 缩短了 44.88%。

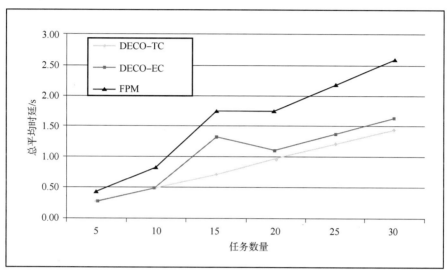

图 11-6 三种模式计算卸载总平均时延对比图

在图 11-7 中，研究了三种方案下的总能耗与任务数量之间的关系。随着卸载任务数量的增加，总能耗几乎呈线性增长。图 11-6 和图 11-7 用同一组数据进行比较。因此，当任务数为 5 和 10 时，可以得到相同的分配结果，并且总能耗重叠。DECO-TCM 总能获得最低的总能耗。与 30 个任务相比，TCM 比 FPM 降低了 49.22% 的能耗。默认情况下，使用 DECO-ECM 节省卫星边缘服务器上的系统能耗。当需要处理的任务需要进一步优化延迟时，使用 DECO-TCM。

多级边缘计算迁移机制的设计是为了在大范围内任务请求的时空不均衡导致的潮汐效应下，充分利用低轨卫星的覆盖优势，调度各个区域的分布式计算资源进行合理负载均衡来进一步优化计算卸载服务。基于这个目的，提出了多级边缘计算网络架构，包括地面近端边缘计算节点，卫星近端边缘计算节点，地面远端边缘计算节点，卫星远端边缘计算节点。基于此，提出合理的卸载流程与方案，以此为基础将所有分布式的边缘节点进行计算资源池化，有利于星地融合网络进一步优化性能。

仿真系统在每次实验时需要随机变换节点和任务情况来模拟在不同负载均衡度下任务处理情况，通过任务大小和泊松分布均值的设置可以控制某地业务量的大小，同时给节点设置不同性能，最后就可以仿真出节点的负载情况，每次变换三组通用参数来得到一组实验结果。其中计算任务大小的范围是 500 KB～5 MB，边缘计算节点的计算能力在 6～12 GHz 的范围内，泊松均值从 0.33 到 8 取值。

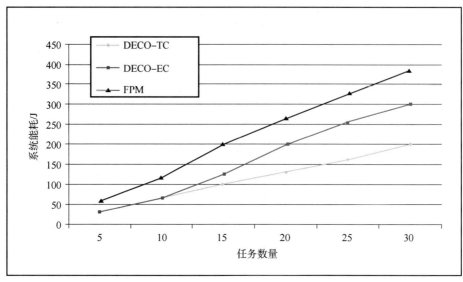

图 11-7　三种模式计算卸载系统能耗与任务数量之间的对比图

从图 11-8 中可以看出，首先配置了一个几乎负载均衡的场景，也就是不均衡度为 0.0033时，贪心迁移策略没有发挥空间所以提升基本为 0。在不均衡度为 0.402 到 1.2856 之间，未进行负载均衡的系统总平均时延都在 2～3 s，经过贪心匹配策略进行任务迁移后，任务完成平均时延都降低了 40% 左右，这里可以看成"第一阶段"。在不均衡度达到 1.4852 后，贪心匹配的时延降低率都在 50% 以上。不过实验结果也会受到实验条件限制，因为仿真系统中没有模拟到海量边缘计算节点，如果可迁移节点数量较大，时延降低效果应该会更显著。

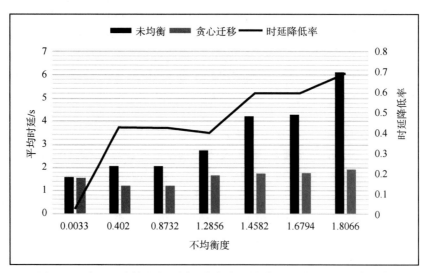

图 11-8　贪心迁移算法在不同不均衡度下的总平均时延和时延降低率

第12章 卫星地面频谱资源分配

本章将主要介绍卫星地面频谱资源分配,首先讨论了星地融合网络中的干扰情况,提出了四种主要的干扰场景。然后从波束成形、干扰消除、频谱感知三个方面进行了详细阐述。

12.1 星地融合网络干扰分析

在星地融合网络中,为了提高频谱利用率,卫星和地面基站共享同一频段,这会导致卫星网络和地面网络之间的相互干扰。许多学者对星地共享频谱的可行性进行了分析,在一定的约束条件下,干扰可以被限制在可接受的水平,然而,这些限定条件如增大地面基站与卫星波束间的同频复用距离、限制地面终端的发射功率往往又会降低地面网络的容量和频谱的利用率。因此,要想获得较高的频谱利用率必须采用有效的抗干扰技术。

在星地融合网络中,干扰有两大类:一是卫星网络和地面网络各自内部的干扰;二是卫星网络和地面网络之间的干扰。网络内部的干扰可以通过常规的方法来解决,这里主要关注卫星网络和地面网络之间的相互干扰。

目前,主要有三种方法可以减少星地之间的干扰:波束成形、干扰消除和频谱感知。在本节中,先来分析常见的地面蜂窝系统对地球同步轨道卫星(GEO)造成的干扰。

GEO 和地面系统之间在频谱共存中有两种传输模式。常规模式是指 GEO 的下行链路和蜂窝的下行链路在同一频带,反之亦然。而反向模式意味着 GEO 的下行链路和蜂窝的上行链路处于相同的频带,反之亦然。

在常规模式下,由于地面终端的发射功率受到距离的影响,可以忽略地面终端对 GEO 卫星的干扰,如图 12-2 所示。地面基站对 GEO 地球站的干扰应是主要关注的问题。

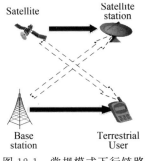

图 12-1 常规模式下行链路

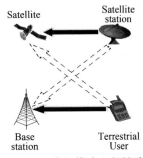

图 12-2 常规模式上行链路

在反向模式下,GEO 系统受到的干扰来自两个方面:在下行链路中,地面终端会对

GEO 地球站造成干扰，如图 12-3 所示；而在上行链路中，多个地面基站共同干扰 GEO 卫星，如图 12-4 所示。

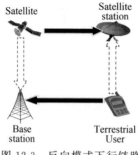
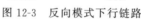
图 12-3　反向模式下行链路

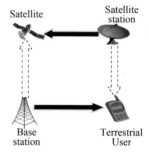
图 12-4　反向模式上行链路

通过比较这两种模式，尽管 GEO 卫星在反向模式下会受到地面基站的干扰，但与常规模式下相比，GEO 地球站受到地面终端的干扰要少于地面基站。由于反向模式下行链路的分析方法与常规模式下行链路的分析方法相似，因此在实际情况中主要研究的是如图 12-1 所示的常规模式下行链路，以及如图 12-4 所示的反向模式的上行链路。

12.2　卫星地面融合网络波束成形技术

快速增长的数据流量给无线网络带来越来越大的压力，预计在未来 20 年中，数据流量将增加 10 000 倍以上。频谱共享已显示出改善容量性能的巨大潜力。例如，在 S 波段中，将 1885 MHz～1980 MHz、2010 MHz～2025 MHz 和 2110 MHz～2170 MHz 分配给地面通信系统 IMT-2000（International Mobile Telecom System-2000），而将 1980 MHz～2010 MHz 和 2170 MHz～2200 MHz 分配给卫星通信系统。由于在卫星系统中的服务通常是调度而不是突发，因此在不占用卫星频带的情况下，地面系统可以共享卫星频带。此外，在下一代无线网络中，30～90 GHz 的毫米波（mm-wave）频段因其可能的大量带宽而备受关注。同时，由于通信需求的增加，卫星通信也对毫米波频段表现出了兴趣，特别是 26.5～40 GHz 的 Ka 频段，Ka 频段的某些部分已经分配给卫星服务。可以预见，在地面和卫星通信中毫米波的发展可能会在将来导致频谱冲突，因此频谱共享技术将非常重要。

CR（Cognitive Ratio，认知无线电）技术被认为是卫星地面网络中的一种频谱共享技术，其中第二个用户在处理对主要用户造成的干扰时会动态利用频谱。在 CR 网络中，CCI（Co-Channel Interference，共道干扰）管理是关键问题，因此，干扰消除技术在系统性能中起着重要作用。通过利用空间正交性，可以将基于天线阵列的数字波束成形技术用于减轻卫星地面网络中的干扰。当同时考虑卫星用户和地面用户作为波束成形的约束时，在卫星处采用协作波束成形。通过仔细调整卫星天线上的加权因子，卫星可以与地面网络共享频谱，同时限制对地面用户造成的干扰，如图 12-5 所示。由于卫星通常具有有限的计算能力，为降低复杂度，提出了一种基于 OFDM（Orthogonal Frequency Division Multiplexing，正交频分复用）的地面卫星移动系统的半自适应波束形成技术。

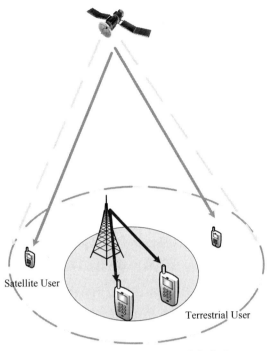

图 12-5　星地融合网的协同波束成形

12.3　卫星地面融合网络干扰消除技术

无线通信的迅速发展,对频率资源的需求日益增加,频谱稀缺问题也越来越严重。星地一体化融合网络由于其广阔的应用前景越来越受到人们的重视。与此同时,融合网络也带来了诸多挑战,尤其是干扰问题。为提高频谱利用率,卫星网络和地面网络考虑使用频谱复用技术。然而,这种方式将导致相当大的同波道干扰(CCI),因此干扰协调势在必行。

国际电信联盟(ITU)提出了下一代网络(NGN)的新构想,认为综合或混合的星地网络将在下一代网络中发挥重要作用。此外,欧洲技术平台 Networld 2020 中的一个卫星工作组就卫星在 5G 中的作用发表了一份白皮书。由于卫星网络能够为低密度人口提供最佳和最全面的覆盖,而地面网络或地面组件可以为城市环境中高密度人口提供最高的带宽和最低成本的覆盖,因此融合的网络框架具有很高的吸引力和广阔的前景。过去的数十年中,在干扰建模和干扰协调方面已经有了一些卓有成效的工作,这些工作对集成网络的发展具有一定的参考价值。Sharma 分析了星地一体化网络中不同传输方式的干扰模型。Khan 在卫星上提出了一种新型的半自适应波束形成器来抑制干扰,在不影响系统性能的前提下,降低了计算量。Deslandes 和 Kang 采用了禁区(EZ)的概念,在禁区内地面网络不允许使用卫星频率。

一般来说,如果能同时得到干扰信号和信道信息,就有可能从混合信号中减去干扰信号来减轻干扰。由于干扰信号可以直接从地面基站获得,所以主要的问题是对干扰信号进行信道估计。在这里,介绍一种经典的星地综合网的干扰协调方案。地面基站发送用于信道估计的导频，卫星将接收到的数据发送到地面网关。然后在地面网关处进行干扰协调，根据估计的信息和基于位置的变化预测来更新干扰信道。此外，基于该方案，这里分析了需要达到的精度，并直接分析了精度对系统性能的影响。

如图 12-6 所示，考虑多个基站的情况，基站 i 的位置由常量 p_{zi} 表示，地面网关的位置由常量 p_e 表示。当用户随机移动时，用户的位置是时间 t 的函数，用 $p_u(t)$ 表示。类似地，卫星的位置也是时间 t 的函数，用 $o(t)$ 表示。基站 i 的信号和用户的信号分别用 $z_i(t)$ 和 $u(t)$ 表示。基站 i 和卫星之前的信道，用户和卫星之间的信道分别用 $h_{zi}(t)$ 和 $h_u(t)$ 表示。假设信道状态信息已知，那么卫星受到的混合信号可以表示为

$$y(t) = h_u(t)u(t) + \sum_{i=1}^{N} h_{zi}(t)z_i(t) \qquad (12-1)$$

然后，卫星通过信道 $h_e(t)$ 将混合信号发送到地面网关，网关接收到的信号为 $y_1(t)$。在基站向卫星发送 $z_i(t)$ 的同时，基站 i 也将 $z_i(t)$ 通过信道 h_{zie} 直接发送给地面网关。利用基站的 $z_i(t)$ 和信道状态信息，地面网关可以从 $y_1(t)$ 中去除干扰信号 $z_i(t)$，得到用户信号

$$u(t) = y_1(t) - \sum_{i=1}^{N} \hat{h}_{zi}(t) \tilde{z}_i(t) \qquad (12-2)$$

式中，$\tilde{z}_i(t) = h_{zie}z_i(t)$ 代表从基站 i 接收到的信号 $\hat{h}_{zi}(t)$ 是干扰信号 $\tilde{z}_i(t)$ 的等效组合信道

在这个系统模型中具体的信号和信道还没有定义。系统中一个重要的假设是信道状态信息是已知的，因此可以去除干扰信号来消除干扰。

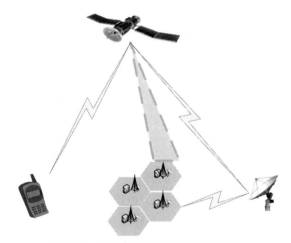

图 12-6　星地融合网的干扰协调方案

12.4　频谱感知技术

频谱感知技术是认知无线电的一项关键技术，通过频谱感知，认知用户可以发现周围无线电环境中的频谱空洞，通过动态调整系统发送接收参数，例如发射功率、载波频率、调制方式等，伺机接入空闲的授权频段进行通信。此外，认知用户需要不断检测授权用户信号的活动状态，保证授权用户再次使用频段时，能够快速退出相应频段，在不影响授权用户正常通

信的前提下最大化利用频谱资源频谱感知是认知无线电通信实现频谱分配和频谱共享的重要前提,同时认知管理技术也是认知无线电最重要的组成部分之一,在提高频谱利用率方面起到至关重要的作用。频谱感知根据认知用户的数量可以分成两大类:单用户频谱感知技术和多用户协作感知技术。单用户频谱感知根据检测对象分为授权用户发射机检测和授权用户接收机检测两种。主用户发射机检测可以分为能量检测、匹配滤波器检测和循环平稳特征检测。接收机检测也可以分为本振泄漏功率检测和基于干扰温度功率检测。单用户感知技术复杂度较低,容易实现。但是,当通信环境中存在阴影衰落,多径效应或存在未知的噪声信号时,认知用户需要更高的检测灵敏度,以克服由信道随机性引入的不确定性,为了解决这一问题,人们提出了多用户协作频谱感知技术,即多个认知用户采用协作模式对授权用户信号进行检测。目前,大部分研究都集中在协作频谱感知,协作频谱感知根据系统结构的不同主要分为集中式和分布式两种,两者均通过对不同认知用户的感知信息融合以提升感知结果的精确度。接下来将重点介绍授权用户发射机检测。

授权用户发射机检测是认知用户通过对接收到的授权用户发射的信号进行二元判别,从而判断授权用户发射机的工作状态一种技术。假设接收信号的假设检验模型为

$$\begin{cases} H_0:y(t)=n(t) \\ H_1:y(t)=hx(t)+n(t) \end{cases} \tag{12-3}$$

式中,H_0 和 H_1 分别表示认知授权用户在授权频段上的两种状态:空闲和占用,t 表示时间,y 表示认知用户接收到的信号,x 表示授权用户发射的信号,h 表示信道增益,$n(t)$ 表示加性高斯白噪声,它是一个服从高斯独立同分布的随机过程,均值为 0,方差为 σ^2,即服从 $N(0,\sigma^2)$。授权用户发射机检测可以分为能量检测、匹配滤波器检测和循环平稳特征检测。

1. 能量检测

能量检测法,也称为辐射测量或周期图,是频谱感知最常用、最简单的一种方法,可以检测具有未知参数的确定性信号。其基本思路是:能量检测器计算一个特定时间间隔内认知用户接收号的能量值,然后与预设的门限阈值进行比较,如果高于门限值则说明该频段正在被授权用户使用,如果低于门限值则说明该频段空闲,可以供认知用户接入,能量检测法的原理如图 12-7 所示。

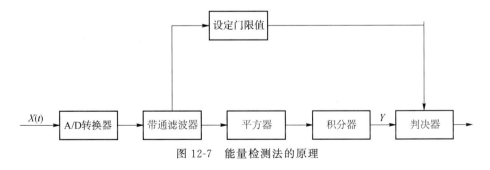

图 12-7 能量检测法的原理

能量检测器的检测统计量定义为 N 个样本的平均能量:

$$T=\frac{1}{N}\sum_{t=1}^{N}|y(t)|^2 \tag{12-4}$$

将检测统计量 T 与本地预设的门限阈值 λ 做比较，就可以判断该频段是否被授权用户占用。在非衰落的信道环境下，能量检测法的检测概率 P_d 和虚警概率 P_f 表示如下

$$P_\mathrm{d}=P_\mathrm{r}(T>\lambda\,|\,H_0)=Q_\mathrm{m}(\sqrt{2\tau},\sqrt{\lambda}) \tag{12-5}$$

$$P_\mathrm{f}=P_\mathrm{r}(T>\lambda\,|\,H_1)=\frac{\Gamma\left(m,\dfrac{\lambda}{2}\right)}{\Gamma(m)} \tag{12-6}$$

式中，γ 表示信道信噪比，$\Gamma(.,.)$ 和 $\Gamma(.)$ 分别表示不完全和完全伽马函数，Q_m 表示 Marcum 函数。

能量检测是一种非相干检测，该方法算法复杂度较低，较容易实现，并且不需要事先获取授权用户信号的先验信息。但是其缺点很明显：一方面，能量检测器对噪声的敏感度很高，如果噪声方差未知或者发生功率变化，就无法确定门限阈值，造成错误测量，且在低信噪比（SNR）情况下，该方法具有较差的性能。另一方面，能量检测只能通过比较接收信号的能量和本地判决门限的大小来决策授权用户的状态，不具备区分授权用户信号和认知用户信号的能力，因此能量检测法不能用来检测射频信号。

2. 匹配滤波器检测

如果认知用户提前获取授权用户信号的先验信息，包括调制技术、导频、扩频码、前导码、工作频率、分组格式等，那么匹配滤波器就是最佳的信号检测方法。即使不能获取授权用户信号的完整信息，但如果从接收信号那里获知一个特定的模式，相干检测（又称基于波形的感知）可以用来判定授权用户是否存在。匹配滤波器检测是先将授权用户信号和认知用户接收到的信号做相关运算，再根据结果判断授权状态，其原理框图如图 12-8 所示。

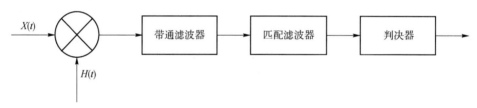

图 12-8 匹配滤波器检测法的原理

下面是使用导频模式的相干检测过程

$$\begin{cases}H_0:y(t)=n(t)\\H_1:y(t)=\sqrt{\varepsilon}x_\mathrm{p}(t)+\sqrt{1-\varepsilon}x(t)+n(t)\end{cases} \tag{12-7}$$

式中，$x_\mathrm{p}(t)$ 表示一个已知的导频音，ε 表示分配给导频音能量的百分比，$x(t)$ 表示期望的信号并假设与导频音正交，$n(t)$ 表示加性高斯白噪声。相干检测的检验统计量被定义为在导频方向上预测的接收信号，即

$$T=\frac{1}{N}\sum_{t=1}^{N}y(t)\,\hat{x}_\mathrm{p}(t) \tag{12-8}$$

式中，$\hat{x}_\mathrm{p}(t)$ 表示在导频音方向上的归一化单位矢量。随着样本数 N 的增加，H_1 情况下的检验统计量远大于其他情况，通过与一个预先确定的阈值进行比较，可以确定授权用户是否存在。

匹配滤波的特点是在短时间内实现一定程度的检测性能,如较低的虚警概率和漏检概率,因为匹配滤波器只需要较少的接收信号样本和较少的时间。然而,接收的信噪比降低时,所需信号样本数量会有所增长,对于匹配滤波器来说,这一问题难以解决。此外,由于匹配滤波器需要用于所有类型信号的接收器,即对不同的授权用户需要准备不同的接收机进行调制解调,并且需要执行相关的接收算法,它的实现复杂度和硬件开销都非常高。

12.5 小 结

本章主要讨论了卫星地面频谱资源分配问题,分析了 GEO 和地面系统之间以及 GEO 和 NEGO 系统之间频谱共享的问题,列出了四种典型频谱共享场景。

接着本章介绍了卫星系统中的波束成形技术,并讨论了主要挑战以及未来的应用。基于波束成形,本章提出了一种基于 OFDM 的地面卫星移动系统的半自适应波束形成技术。通过调整卫星天线上的加权因子,卫星可以与地面网络共享频谱,同时减少了对地面用户造成的干扰,从而大大提高了效率。

然后,本章讨论了频带复用时,用于干扰消除接收的方法。在信道估计和集中处理的基础上,提出了一种干扰协调方案。

最后,本章介绍了频谱感知技术,通过频谱感知,认知用户可以发现周围无线电环境中的频谱空洞,通过动态调整系统发送接收参数,伺机接入空闲的授权频段进行通信,从而实现对空闲频谱的动态利用,提高频谱利用率。为了在一定程度上解决卫星通信频谱资源的"假性枯竭"问题,研究频谱感知技术在卫星通信方面的应用具有重要意义。

第 13 章　卫星地面融合网络应用

13.1　星地物联网

物联网概念一经提出就被各个涉及人类活动的领域广泛研究,并且有专家预测到 2025 年,世界范围内的物联网连接有望达到 270 亿。这样拥有巨大潜力的物联网,在依靠无线接入时,需要足够多的基站来构成通信网络。目前地面布置基站以及连接基站的通信网有很多限制:首先,在具有很大面积海洋、沙漠的区域无法建立基站;其次,用户稀少的偏远地区建立基站的成本很高;最后,地面网络容易被发生的自然灾害损坏。因此,面对地面物联网覆盖范围的局限性,众多公司、企业以及科研团队将基站搬到"天上",建立卫星物联网,使之成为地面物联网的补充和延伸,也就是星地物联网。

星地物联网覆盖地域广,可实现全球覆盖,同时传感器的布设几乎不受空间限制。当有自然灾害或突发事件发生时,系统依旧可以正常工作,几乎不会受天气以及地理条件影响,适合向大范围运动的飞机、舰船等提供无间断的网络连接服务。为了在天空中架设基站实现万物互联,国内外已有多家企业开始建设融合地网、覆盖全球、实时共享的低轨通信卫星星座。

中国科学院西安光学精密机械研究所投资的企业"九天微星"成立于 2015 年 6 月,主要研发小卫星总体设计、关键载荷研发和组网等技术。目前主营业务包括"卫星物联网"和"航天与太空＋STEAM 教育"两大板块。根据全球物联网传感终端安装量预计达到的海量数字以及低轨通信卫星星座的重要需求,九天微星针对"窄带物联",提出用 72 颗卫星接入海量物联网终端,最终再平滑演进到宽带星座,利用这 72 颗卫星构建属于中国人自己的低轨物联网星座的蓝图。

九天微星在 2018 年 12 月 7 日发射"瓢虫系列"卫星,验证百公斤级卫星的整星研制能力,在多颗立方星上验证创新技术,未来将在野生动物保护以及野外应急救援等领域开展物联网系统级验证,为后续研究奠定基础。2019 年 1 月 18 日,九天微星发布了"瓢虫系列"卫星在轨飞行状态,目前卫星已完成平台测试和载荷测试,所有功能运行正常,取得了良好的在轨效果。同时九天微星还发布了首期生态共赢计划,未来将与合作伙伴共同构建完善星基物联网的产业生态。

北京国电高科科技有限公司部署和运营的天启物联网星座,由星座、卫星地面站、卫星测控中心、天启运营支撑平台、天启物联网应用平台、卫星终端等组成,是一个完整的卫星物联网应用体系。针对物联网应用中地面网络有覆盖盲区的情景,为了满足地质灾害、水利、环保、气象、交通运输、海事和航空等行业部门的监测通信需求,天启物联网星座计划到 2021 年前部署完成由 38 颗低轨卫星组成的覆盖全球的物联网数据通信星座。

2017 年 11 月 15 号国电高科成功发射其核心模块并完成在轨验证,目前已成功发射 3 颗卫星并组网运行,对同一地点可提供一天至少 5 次信号传输,每次通信时间为 10～15 min,已能满足相当大一部分业务的需求。未来,国电高科计划进一步提高星座服务能力,实现服务国家军民融合战略,并且希望有效解决制约智能集装箱产业发展的关键通信问题,从而极大加速这个百亿级市场的产业化进程。

除了多家企业对星地物联网的重视,标准化组织也对星地物联网的场景有了定义。5G 定义的三大应用场景中的 mMTC、uRLLC 就都与物联网需求密不可分,这意味着卫星通信在物联网中将具备相当广泛的应用,将成为 5G 物联网覆盖的有力补充。

星地物联网主要支持应急网络连接、各行业部门的监测通信以及偏远地区的通信服务等应用场景来提供全球通信保障。本章将在未来两个小节主要介绍在星地互联网的应急救灾以及地质监测的场景中,现有的研究成果以及具体应用。

13.2 应 急 救 灾

卫星通信是应急通信体系中的重要组成部分,许多执行应急通信保障任务的地点处于公用移动通信网络和地面固定通信网络均未实现覆盖的偏远地区或海域,而满足偏远地区通信和海域通信只能通过卫星。在有应急事件或突发灾难发生时,地面站利用通信卫星为中继,将有线网络的功能提供给野外没有网络覆盖的地区或偏远地区,为事发现场提供专网通信,实现全时全域的通信。因此,星地物联网在应急救灾场景中的应用较为常见,国内外均有相关的项目研究。

北京星网宇达科技股份有限公司打造了以“多频段共馈卫星天线设计”“卫星动中通天线快速寻星对准”“三级反馈伺服稳定控制技术”等卫星通信领域的核心技术,研发成果包括卫星通信产品等组件级产品。其中的卫星通信产品应用广泛,主要用于应急反恐、抢险救灾、海上通信、军事指挥等领域,很好地实现了星地物联网在应急救灾场景中的应用。

星地物联网在海域应急通信方面也颇有成果。我国第三颗海洋水色系列卫星——海洋一号 C 星的成功发射,标志着我国海洋遥感技术水平将进一步提升,作为我国民用空间基础设施规划的首颗海洋业务卫星,这对我国研究海气相互作用以及提高防灾减灾能力具有重要意义。更进一步地,海洋二号 B 星成功发射,将提高我国海洋预报与监测预警水平,并且增强了海洋防灾减灾与海上突发事件的响应能力。

不仅国内意识到了应急救灾应用的重要性,国外也有相关研究成果。例如主要致力于构建覆盖全球的高速宽带网络的 OneWeb 公司,所计划的发射超过 600 个小卫星到低轨道的高速电信网络很重要的一个功能,就是允许用户在地面的基础设施被损坏时(例如在灾难中),也能与他人进行通信。

13.3 地 质 监 测

基于物联网技术的地质灾害监测预警解决方案、技术以及相关平台已经有众多研究成果,而卫星通信加入后的星地物联网在地质监测方向的应用也在进一步的发展中。

成都振芯科技股份有限公司的北斗卫星综合应用产品在地灾安全监测等领域发挥重要

作用,公司以"一带一路"建设为契机,积极探索"北斗＋"应用新模式。公司重点围绕西南地区来推动区域合作,以旅游、交通、国土及水利为重点的行业示范推广领域,通过整合真三维数据管理与高精度应用服务,先后落地了凉山北斗地质灾害防治项目和都江堰灌区实景三维地图;为了更进一步地增强项目技术储备,还与西南交大联合成立了北斗时空交通大数据研究中心。

北京国电高科科技有限公司部署和运营的天启物联网星座,是一个完整的卫星物联网应用体系。该星座体系的建立主要针对物联网应用中地面网络有覆盖盲区的情况,主要满足地质灾害等行业部门的监测通信需求,2021 年前若成功部署完成由 38 颗低轨卫星组成的覆盖全球的物联网数据通信星座,势必会对星地物联网在地质监测场景中的应用有着重要的推动作用。

在天地一体化体系中,北斗卫星对于地质监测的重要性也是尤为突出的。湖南省人民政府发布的《关于进一步加强地质灾害防治工作的意见》曾指出,湖南将探索运用北斗卫星、大数据、互联网＋、云计算等先进技术,建设监测数据智能采集、自动分析和即时发送的天空地一体化及群众巡防、政府管控、专业监测相结合的地质灾害监测预警体系。

13.4 小 结

卫星地面融合网络在地质监测、应急救灾等方面都有着广泛的应用前景,星地物联网的发展和应用更能够促进 5G 为我们的生活提供更好的服务。我们期待天地一体化的美好前景,期待 5G 发展下的星地融合网络给我们的生活带来更多的可能。

参 考 文 献

[1] 丁超.5G 网络技术研究现状和发展趋势[J].数字通信世界.

[2] 文静.5G 移动通信网络技术的发展趋势探讨.

[3] 朱琳.李继龙 欧盟 5GPPP 关键技术研究介绍.

[4] Latva-Aho M，Leppänen K. Key drivers and research challenges for 6G ubiquitous wireless intelligence(white paper)[J]. Oulu，Finland：6G Flagship，2019.

[5] 高艺宁。我国正式启动 6G 技术研发工作[EB/OL].[2019-12-2].

[6] Juntti，Markku & Kantola，Raimo & Kyösti，Pekka.Key Drivers and Research Challenges for 6G Ubiquitous Wireless Intelligence[M].

[7] 3GPP TS 22.261 V17.2.0.

[8] 3GPP TR 22.822 V16.0.0.

[9] 3GPP TR 38.811 V15.2.0

[10] 王世强，侯妍.卫星通信系统技术研究及其未来发展[J].现代电子技术，2009，32(17)：63-65.

[11] 尹志忠，张龙，周贤伟.LEO/HEO/GEO 三层卫星网络层间 ISL 性能分析[J].计算机工程与应用，2010，46(12)：9-13.

[12] 张悦. 低轨卫星网络路由算法研究[D].西安电子科技大学，2019.

[13] 李文. 卫星通信、导航和遥感融合系统的关键技术研究[D].电子科技大学，2016.

[14] 方芳，吴明阁.全球低轨卫星星座发展研究[J].飞航导弹，2020(05)：88-92＋95.

[15] 佘春东，王俊峰，刘立祥，等.Walker 星座卫星网络拓扑结构动态性分析. 通信学报，2006(8)：51-57.

[16] 刘曦. 卫星互联网＋5G 构建天地一体化信息网络[N]. 中国电子报，2020-6-5(7).

[17] ETSI TR 103 124-V1.1.1.

[18] 陈洋. 以信息为中心的物联网网关互联机制研究与实现[D].北京邮电大学，2017.

[19] Justinxu78. 3GPP 更新 5G 标准时间表[N]. 人民邮电，2019-8-6(6).

[20] Dahmen-Lhuissier S. ETSI-Standards，mission，vision，direct member participation[EB/OL]. ETSI. 2020-7-12. https://www.etsi.org/about.

[21] 英利检测.卫星 5G 融合的研究进展(上)[DB/OL].2019-8-6.

[22] 张乐，金晓晨.国外卫星通信应用标准体系框架研究[J].卫星应用，2014(7)：28-31.

[23] 英利检测.卫星 5G 融合的研究进展(下)[DB/OL].2019-08-06.

[24] 孔超，王阳阳.SpaceX 公司"星链"计划发展情况及影响分析[N]. 中国科学报，2019 (8).

[25] SpaceX.SpaceX mission[EB/OL].https://www.spacex.com/mission/，2020-7-5.

［26］ 梁晓莉，李云. SpaceX 的"星链"究竟特殊在哪里？［DB/OL］.2019-7-17.

［27］ Justinxu78. 3GPP 更新 5G 标准时间表［N］. 北京：人民邮电出版社，2019（6）.

［28］ Dahmen-Lhuissier S. ETSI-Standards，mission，vision，direct member participation ［EB/OL］. ETSI. 2020-7-12. https://www.etsi.org/about.

［29］ 英利检测. 卫星 5G 融合的研究进展（上）［DB/OL］.2019.

［30］ 张乐，金晓晨. 国外卫星通信应用标准体系框架研究［J］. 卫星应用，2014（7）：28-31.

［31］ 英利检测. 卫星 5G 融合的研究进展（下）［DB/OL］.2019.

［32］ 孔超，王阳阳. SpaceX 公司"星链"计划发展情况及影响分析［N］. 中国科学报，2019（8）.

［33］ SpaceX. SpaceX mission［EB/OL］. https://www.spacex.com/mission/，2020-7-5.

［34］ 梁晓莉，李云. SpaceX 的"星链"究竟特殊在哪里？［DB/OL］.2019-7-17.

［35］ 广播与电视技术. OneWeb 开始部署全球带宽卫星网络［DB/OL］.2019-3-6.

［36］ 安慧. O3b 星座的成功之道［J］. 太空探索，2017，（7）：36.

［37］ 王静. O3b 中轨通信卫星星座发展概述［DB/OL］.2018-7-27.

［38］ 《卫星应用》编辑部. 2018 年中国卫星应用若干重大进展［J］. 卫星应用，2019，85（1）：12-18.

［39］ 前沿科技·探秘合肥综合性国家科学中心信息网络呼唤"天地一体化". 安徽日报. 2017-11-28.

［40］ Software Defined Networking and Virtualization for Broadband Satellite Networks.

［41］ DANIEL J. TADEUSZ W. WIECKOWSKI，RYSZARD J. ZIELINSKI，BROADBAND SATELLITE SYSTEMS，IEEE Communications Surveys & Tutorials，2000，1（3）.

［42］ 范继，田洲，马伟，基于 4G 体制的 LEO 卫星移动通信系统构架设计，空间电子技术，2019（2）：20-25.

［43］ 3GPP TR 38.811 v1.0.0，"Study on New Radio（NR）to support non terrestrial networks，"Stage1（Release 15），June. 2018.

［44］ 陆洲. 天地一体化信息网络总体架构设想［R］. 北京：中国宇航学会卫星应用专业委员会，2016.

［45］ 张寒，等. 基于 SDN/NFV 的天地一体化网络架构研究.

［46］ 翟振辉，邱巍，吴丽华，吴倩. NFV 基本架构及部署方式. 运营技术广角，2017.

［47］ Lionel Bertaux，Samir Medjiah，Pascal Berthou，Software Defined Networking and Virtualization for Broadband Satellite Networks，IEEE Communications Magazine，March 2015.

［48］ Alfred Mudonhi，Claudio Sacchi，Fabrizio Granelli，SDN-based Multimedia Content Delivery in 5G MmWave Hybrid Satellite-Terrestrial Networks，2018 IEEE 29th Annual International Symposium on Personal，Indoor，and Mobile Radio Communications（PIMRC），2018.

［49］ MicheleLuglio，Simon Pietro Romano，Cesare Roseti and Francesco Zampognaro，Service Delivery Models for Converged Satellite-Terrestrial 5G Network Deployment：

［50］ A Satellite-Assisted CDN Use-Case，IEEE Network，2019.

[51] Wang P,Zhang J,Zhang X,etal."Convergence of Satellite and Terrestrial Networks: A Comprehensive Survey," IEEE Access,2020(8): 5550-5588.

[52] Liu Jiajia,Shi Yongpeng.Space-Air-Ground Integrated Network: A Survey, IEEE COMMUNICATIONS SURVEYS & TUTORIALS,2018(4):20.

[53] Recommendation ITU-R P.618-13,"Propagation data and prediction methods required for the design of Earth-space telecommunication systems",Dec. 2017.

[54] 3GPP TR 38.811 V15.0.0 table 6.6.2-1.

[55] 3GPP TR 38.811 V15.0.0 table 6.6.2-2.

[56] 3GPP TR 38.811 V15.0.0 table 6.6.2-3.

[57] 3GPP TR 38.811 V15.0.0 table 5.3.2.1-1.

[58] 3GPP TR 38.811 V15.0.0 table 5.3.2.2-2.

[59] 3GPP TR 38.811 V15.0.0 figure 5.3.2.3-1.

[60] 3GPP TR 38.811 V15.0.0 table 5.3.2.3-1.

[61] 3GPP TR 38.811 V15.0.0 table 5.3.2.3-2.

[62] 3GPP TR 38.811 V15.0.0 table 5.3.2.3-3.

[63] 3GPP TR 38.811 V15.0.0 table 5.3.2.3-4.

[64] 3GPP TR 38.811 V15.0.0 table 5.3.4.1-1.

[65] 3GPP TR 38.811 V15.0.0 table 5.3.4.2-1.

[66] 3GPP TR 38.811 V15.0.0 figure 5.3.4.3-1.

[67] 3GPP TR 22.822 V16.0.0 figure 1.

[68] 3GPP TR 22.822 V16.0.0 figure 5.12.1-1.

[69] Evans B G.The role of satellites in 5G[C]//Advanced Satellite Multimedia Systems Conference and the,Signal Processing for Space Communications Workshop. IEEE,2014: 197-202.

[70] EC H2020 5G Infrastructure PPP Pre-structuring Model RTD & INNO Strands, http://5g-ppp.eu.

[71] https://www.theguardian.com/technology/2015/oct/05/facebook-markzuckerberg-internet-access-africa.

[72] Kawamoto Y,Fadlullah Z M,Nishiyama H,et al. Prospects and challenges of context-aware multimedia content delivery in cooperative satellite and terrestrial networks[J]. IEEE Communications Magazine,2014,52(6):55-61.

[73] Sadek M,Aissa S. Personal satellite communication: technologies and challenges [J]. IEEE Wireless Communications,2012,19(6):28-35.

[74] Celandroni N,Ferro E,Gotta A,et al. A Survey of Architectures and Scenarios in Satellite-Based Wireless Sensor Networks: System Design Aspects[J]. International Journal of Satellite Communications & Networking,2013,31(1):1-38.

[75] Alagoz F,Gur G. Energy Efficiency and Satellite Networking: A Holistic Overview [J].Proceedings of the IEEE,2011,99(11):1954-1979.

[76] Roivainen A,Ylitalo J,Kyrolainen J,et al. Performance of terrestrial network with the presence of overlay satellite network[C]//IEEE International Conference on Communications.IEEE,2013:5089-5093.

[77] Chan V W S.Some Research Directions for Future Integrated Satellite and Terrestria Networks[C]//Military Communications Conference, 2007. Milcom. IEEE Xplore, 2007:1-7.

[78] Dai LL,Chan V W S. Helper Node Trajectory Control for Connection Assurance in Proactive Mobile Wireless Networks[C]//International Conference on Computer Communications and Networks. IEEE Xplore,2007:882-887.

[79] Taleb T,Hadjadj-Aoul Y,Ahmed T. Challenges,opportunities,and solutions for converged satellite and terrestrial networks[J]. IEEE Wireless Communications, 2011,18(1):46-52.

[80] Kawamoto Y,Fadlullah Z M,Nishiyama H,et al. Prospects and challenges of context-aware multimedia content delivery in cooperative satellite and terrestrial networks[J]. IEEE Communications Magazine,2014,52(6):55-61.

[81] Ganesan G,Li Y. Cooperative Spectrum Sensing in Cognitive Radio,Part II: Multiuser Networks[C]//International Conference on Instrumentation. IEEE Computer Society, 2012:1110-1113.

[82] Krikidis I,Laneman J N,Thompson J S,et al. Protocol design and throughput analysis for multi-user cognitive cooperative systems[J]. IEEE Transactions on Wireless Communications, 2009,8(9):4740-4751.

[83] Onireti O,Spathopoulos T,Imran M,et al. Hybrid Cognitive Satellite Terrestrial Coverage: A case study for 5G deployment strategies [M]//Cognitive Radio Oriented Wireless Networks. Springer International Publishing,2015.

[84] Sadek M,Aissa S. Personal satellite communication: technologies and challenges[J]. IEEE Wireless Communications,2012,19(6):28-35.

[85] Abdi A,Lau W C,Alouini M S,et al. A new simple model for land mobile satellite channels: first-and second-order statistics [J]. IEEE Transactions on Wireless Communications,2003,2(3):519-528.

[86] Vassaki S,Panagopoulos A D,Constantinou P. Effective Capacity and Optimal Power Allocation for Mobile Satellite Systems and Services [J]. IEEE Communications Letters,2012,16(1):60-63.

[87] Sreng S,Escrig B,Boucheret M L. Outage analysis of hybrid satellite-terrestrial cooperative network with best relay selection[C]//IEEE Wireless Telecommunications Symposium, 2012:1-5.

[88] Andrews J G,Baccelli F,Ganti R K. A Tractable Approach to Coverage and Rate in Cellular Networks[J]. IEEE Transactions on Communications, 2010, 59 (11): 3122-3134.

[89] 3GPP TS 36.211 v11.2.0,3rd generation partnership project: technical specification group radio access network. Evolved Universal Terrestrial Radio Access (E-UTRA); Further Advancements for E-UTRA Physical Layer Aspects(Release 9).

[90] Blume O,Eckhardt H,Klein S,et al. Energy savings in mobile networks based on adaptation to traffic statistics[J]. Bell Labs Technical Journal,2010,15(2):77-94.

[91] Auer G,Giannini V,Desset C,et al. How much energy is needed to run a wireless network? [J]. IEEE Wireless Communications,2011,18(5):40-49.

[92] Baliga J,Ayre R W A,Hinton K,et al. Green Cloud Computing: Balancing Energy in Processing,Storage,and Transport[J]. Proceedings of the IEEE,2011,99(1): 149-167.

[93] Fehske A J,Marsch P,Fettweis G P. Bit per Joule efficiency of cooperating base stations in cellular networks[C]//IEEE GLOBECOM Workshops,2010:1406-1411.

[94] Ferenc J S,Néda Z. On the size distribution of Poisson Voronoi cells[J]. Physica A Statistical Mechanics & Its Applications,2007,385(2):518-526.

[95] Sarabjot S,Jeffrey G A. Joint Resource Partitioning and Offloading in Heterogeneous Cellular Networks[J].IEEE Transactions on Wireless Communications,2014,13(2): 888-901.

[96] Gilbert E N. Random Subdivisions of Space into Crystals[J]. Annals of Mathematical Statistics,1962,33(3):958-972.

[97] Sarabjot S,Harpreet S D,Jeffrey G A.Offloading in Heterogeneous Networks: Modeling, Analysis,and Design Insights[J].IEEE Transactions on Wireless Communications,2013, 12(5): 2484-2497.

[98] Dhillon H S,Ganti R K,Baccelli F,et al. Modeling and Analysis of K-Tier Downlink Heterogeneous Cellular Networks[J]. IEEE Journal on Selected Areas in Communications, 2012,30(3):550-560.

[99] Yu S M,Kim S L. Downlink capacity and base station density in cellular networks [C]//IEEE International Symposium on Modeling & Optimization in Mobile,Ad Hoc & Wireless Networks,2011:119-124.

[100] Qian C,Zhang S,Zhou W. Traffic-based dynamic beam coverage adjustment in satellite mobile communication [C]//IEEE Sixth International Conference on Wireless Communications and Signal Processing,2014:1-6.

[101] Liu S,Wu J,Koh C H,et al. A 25 Gb/s(/km 2)urban wireless network beyond IMT-advanced[J]. IEEE Communications Magazine,2011,49(2):122-129.

[102] Shafiq M Z,Ji L,Liu A X,et al. Large-Scale Measurement and Characterization of Cellular Machine-to-Machine Traffic[J]. Networking IEEE/ACM Transactions on,2013,21(6):1960-1973.

[103] Fenech, H.; Amos, S.; Tomatis, A.; Soumpholphakdy, V., "High throughput satellite systems: An analytical approach," in Aerospace and Electronic Systems, IEEE Transactions ,2015,1(51):192-202.

[104] Thompson P, Evans B, Castanet L, et al. "Concepts and Technologies for a Terabit/s Satellite", SPACOMM 2011, Budapest, Hungary, 2011.

[105] ARTES programme. "ESA announces dedicated support for the development of megaconstellations", Last updated July 2015. Available online at https://artes. esa.int/news/esa-announces-dedicatedsupport-development-megaconstellations.

[106] Sacchi C, Bhasin K, Kadowaki N, et al. "Toward the" space 2.0 "Era [Guest Editorial]." Communications Magazine, IEEE, 2015, 3(53): 16-17.

[107] The Integral SatCom Initiative(ISI), "SatCom role in 5G networks", Net! Works Event 2013 Implementing H2020, 29.10.13-Brussels.

[108] NGMN Alliance, "5G White Paper", February 2015.

[109] ARIB 2020 and Beyond Ad Hoc Group White Paper, October 2014.

[110] 3GPP TR 22.891 V1.1.0, "Feasibility Study on New Services and Markets Technology Enablers; Stage 1(Release 14)", November 2015.

[111] https://artes.esa.int/news/newtec-introduces-industrys-first-dvb-s2xvsat-modem.

[112] "Backhaul for rural and remote small cells", Small cell forum, release five, white paper, March 2015.

[113] Breiling M, Zia W, Sanchez de la Fuente Y, et al. "LTE Backhauling Over MEO Satellite", Advanced Satellite Multimedia Systems Conference, IEEE September 2014: 174-181.

[114] Watts S, Glenn O. "5G resilient backhauling using integrated satellite networks", Advanced Satellite Multimedia System Conference, September 2014.

[115] Casoni M, Gracia C, Klapez M, et al. "Integration of Satellite and LTE for Disaster Recovery", IEEE Communications Magazine, March 2015.

[116] Panagopoulos A D, Arapoglou P D M, Cottis P G. "Satellite Communications Satellite Communications at Ku, Ka and V bands, Propagation Impairments and Mitigation Techniques", IEEE Communication Surveys and Tutorials, 3rd Quarter, 2004.10.

[117] Arapoglou P D, Liolis K P, Bertinelli M, etal. "MIMO over Satellite: A Review", IEEE Communication Surveys and Tutorials, March 2011.

[118] Paillassal B, Escrig B, Dhaou R, et al. "Improving satellite services with cooperative communications", Int. J. Satell. Commun. Network., DOI: 10.1002/sat.989, 2011.

[119] Liolis K P, Panagopoulos A D, Cottis P G. "Multi-Satellite MIMO Communications at Ku Band and above: Investigations on Spatial Multiplexing for Capacity Improvement and Selection Diversity for Interference Mitigation", EURASIP Journal on Wireless Communications and Networking, vol. 2007, issue 2 2007.1.

[120] AndreasKnopp, Robert T. Schwarz, Berthold Lankl, "On the Capacity Degradation in Broadband MIMO Satellite Downlinks with Atmospheric Impairments", ICC 2010, 1-6.

[121] ITU-R Recommendation P.837-6, "Characteristics of precipitation for propagation modeling", 2012. [8] US Patent, "Feeder Link Spatial Multiplexing in a Satellite

Communication System",US,6.317.420 B1,2001,13.

[122] Crane R K. "Propagation Handbook for Wireless Communication System Design", CRC Press LLC,2003.

[123] Panagopoulos A D,Kanellopoulos J D. "Prediction of tripleorbital diversity performance in Earth-space communication," International Journal of Satellite Communications, 2002,3(20):187-200.

[124] ITU-R Recommendation P.838-3,"Specific attenuation model for rain for use in prediction methods",2005.

[125] Foschini G J,Gans M J. "On limits of wireless communications in a fading environment when using multiple antennas," Wireless Personal Communications, 1998, 3 (6): 311-335.

[126] 3GPP TS Group RAN,"Solutions for NR to support NTN," 3GPP TR 38.821 V0. 7.0(2019-5),Release 16,2019.

[127] Ziaragkas G,et al.,"SANSA — Hybrid Terrestrial-Satellite Backhaul Network: Scenarios, Use Cases, KPIs, Architecture, Network and Physical Layer Techniques." Int'l J. Satellite Commun. and Networking,2017,35(5):379-405.

[128] Liolis K,et al.,"Use Cases and Scenarios of 5G Integrated Satellite-Terrestrial Networks for Enhanced Mobile Broadband: The SaT5G Approach," Int'l J. Satellite Commun. and Networking,2019,37(2): 91-112.

[129] Satis5,"DemonstratorforSatellite-TerrestrialIntegrationinthe5GContext";https:// satis5.eurescom.eu,accessed 10 July,2019.

[130] E.Zeydan et al.,"Big Data Caching for Networking: Moving from Cloud to Edge," IEEE Commun. Mag,2016,54(9): 36-42.

[131] Zeydan E,et al."On the Impact of Satellite Communications over Mobile Networks: An Experimental Analysis," IEEE Trans. Vehic. Tech.,vol. 68,no. 11,Nov. 2019(11): 146-47.

[132] HechtY,et al.,"Methods and Apparatus for Optimizing Tunneled Trafc,"WO No. 2015/198303 Al,2015.6.17.

[133] 3GPP working group "Local IP Access and Selected IP Traffic Offload".

[134] Avanti & Quortus achieve world-first in delivery of 4G over satellite.

[135] ViaSat whitepaper "High Capacity Satellite".

[136] Resller web page "Broadbandwhereever".

[137] TechWeek Europe report "Avanti Launches Pay-As-You-Go Satellite Broadband".

[138] Avanti product "Business Internet Contunity".

[139] Cola T D,TarchiD, Vanelli-CoralliA.Futuretrendsinbroadbandsatellite communications: information centric networks and enabling technologies[J]. International Journal of Satellite Communications and Networking,2015.

[140] Sooyoung Kim.Special issue on "integrated mobile satellite service systems and technologies"[J].Int.J.Satell.Commun.Network,2015.

[141] DoSeob Ahn,Hee Wook Kim,Jaekyoung Ahn.Integrated/hybrid satellite and terrestrial networks for satellite IMT-Advanced services[J].INTERNATIONAL JOURNAL OF SATELLITE COMMUNICATIONS AND NETWORKING,2011.

[142] 焦现军,曹桂兴.MSV-ATC卫星移动通信技术研究[J].航天器工程,2007,(5).doi：10.3969/j.issn.1673-8748.2007.05.011.

[143] Kota S L.Hybrid/integrated networking for NGN services[C].Wireless VITAE，Chennai,India：IEEE Computer Society,2011：1-6.

[144] Vojcic B,Matheson D,Clark H. Network of mobile networks：hybrid terrestrial-satellite radio[C].International Workshop on Satellite and Space Communications,Siena,Italy：IEEE Computer Society,2009：451-455.

[145] FUJINO Y, MIURA A, HAMAMOTO N, et al. Satellite Terrestrial Integrated Mobile Communication System as a Disaster Countermeasure.General Assembly and Scientific Symposium. 2011.

[146] 刘博.基于层次分析与预测的异构网络接入选择算法研究[D].西安电子科技大学,2011.

[147] 刘磊.基于改进的讨价还价博弈的异构无线网络选择算法研究[D].西华大学,2011.

[148] 欧阳乐.星地融合网络中的切换机制研究与仿真[D].北京邮电大学,2020.

[149] Liolis K,et al.,"Use Cases and Scenarios of 5G Integrated Satellite-Terrestrial Networks for Enhanced Mobile Broadband：The SaT5G Approach," Int'l J. Satellite Commun. And Networking,2019,2(37)：91-112.

[150] Hecht Y,etal."Methods and Apparatus for Optimizing Tunneled Trafc,"WO No. 2015/198303 Al,2015.6.17.

[151] Ahluwalia S,et al. "Acceleration of GTP Trafc Flows,over a Satellite Link,in a Terrestrial Wireless Mobile Communications System," US Patent No. US2016/0192235A1,issued on August 21,2018.

[152] WERNER M. A dynamic routing concept for ATM-based satellite personal communication networks[J]. IEEE journal on selected areas in communications,1997,15(8)：1636-1648.

[153] TAN H,ZHU L. A novel routing algorithm based on virtual topology snapshot in LEOsatellite networks[C]//IEEE 17th International Conference on Computational Science and Engineering(CSE),2014：357-361.

[154] EKICI E,AKYILDIZ I F,BENDER M D. Data-gram routing algorithm for LEO satellite networks[C]//The19th Annual Joint Conference of the IEEE Computer and Communications Societies,2000,2：500-508.

[155] LIU X,YAN X,JIANG Z,et al. A low-complexity routing algorithm based on load balancing for LEO satellite networks[C]//IEEE 82nd Vehicular Technology Conference(VTC Fall),2015：1-5.

[156] AKYILDIZ I F,EKICI E,BENDER M D. MLSR：a novel routing algorithm for multilayered satellite IP networks[J]. IEEE/ACM transactions on networking,2002,10(3)：411-424.

[157] CHEN C,EKICI E. A routing protocol for hierarchical LEO/MEO satellite IP networks[J].Wireless networks,2005,11(4): 507-521.

[158] LongF,Xiong N,Vasilakos A V,et al. A sustainable heuristic QoS routing algorithm for pervasive multilayered satellite wireless networks[J]. Wireless Networks,2010,16(6): 1657-1673.

[159] Xie P,Zhang Z,Zhang J."Inter-satellite routing algorithm by searching the global neighborhood for dynamic inter-satellite networks," 2018 Tenth International Conference on Advanced Computational Intelligence (ICACI), Xiamen, 2018: 673-678.

[160] 3GPP TR 22.822 v1.0.0,"Study on using Satellite Access in 5G," Stage 1(Release 16),May. 2018.

[161] SANSA,"Multicastbeamforming for distribution of popular multimedia content towards terrestrial distribution network," Deliverable Report D4.4,Jul. 2017.

[162] Brinton C G, et al.,"An Intelligent Satellite Multicast and Caching Overlay for CDNs to Improve Performance in Video Applications," AIAA Int. Commun. Satellite Syst. Conf.(ICSSC),Florence,Italy,Oct. 2013: 428-437.

[163] Adamson B, et al.,"NACK-Oriented Reliable Multicast(NORM)Transport Protocol," IETF RFC 5740,Nov. 2009.

[164] Adamson B,etal."Multicast Negative-Acknowledgment(NACK)Building Blocks," IETF RFC 5401,Nov. 2008.

[165] Christopoulos D et al.,"Frame-Based Precoding in Satellite Communications: A Multicast Approach," Advanced Satellite Multimedia Syst. Conf. and Signal Process. for Space Commun. Workshop (ASMS/SPSC), Livorno, Italy, Sept. 2014:293-299.

[166] ETSI,DVB-S2X Standard[Online]. Available: https://www.dvb.org/standards/dvb-s2x.

[167] Huang Y et al. "Distributed Multicell Beamforming with Limited Intercell Coordination," IEEE Trans. Signal Process.,2011,59(2):728-738.

[168] Cisco,"Cisco Visual Networking Index: Global Mobile Data Traffic Forecast Update, 2016-2021," White Paper,2017.3.

[169] NGMN,"5G White Paper," White Paper,Feb. 2015.

[170] Stutzbach D, et al.,"Characterizing Files in the Modern Gnutella Network: A Measurement Study," Multimedia Syst,2006,1(13):35-50.

[171] Bastug E, et al. "Living on the Edge: The Role of Proactive Caching in 5G Wireless Networks," IEEECommun. Mag,2014,8(52):82-89.

[172] Kawamoto Y,et al,"Prospects and Challenges of Context-Aware Multimedia Content Delivery in Cooperative Satellite and Terrestrial Networks," IEEE Commun. Mag., 2014,6(52):55-61.

[173] Han W, et al. "PHY-Caching in 5G Wireless Networks: Design and Analysis," IEEE Commun. Mag, 2016, 54(8):30-36.

[174] Ramesh S, etal. "Multicast with Cache (Mcache): An Adaptive Zero-Delay Video-on-Demand Service," IEEE Trans. Circuits Syst. Video Technol, 2001, 3 (11): 440-456.

[175] Abedini N, Shakkottai S. "Content Caching and Scheduling in Wireless Networks with Elastic and Inelastic Traffic," IEEE/ACM Trans. Netw., 2014, 3 (22): 86-874.

[176] ZhouB, et al. "Optimal Dynamic Multicast Scheduling for Cache-Enabled Content-Centric Wireless Networks," IEEE Trans. Commun, 2017, 56(7): 2956-2970.

[177] Peng X, et al., "Joint Data Assignment and Beamforming for Backhaul Limited Caching Networks," IEEE Int. Symp. on Person. l, Indoor, and Mob. Radio Commun. (PIMRC), 2014, 9 :1370-1374.

[178] Zhou H, al. Content-Centric Multicast Beamforming in Cache-Enabled Cloud Radio Access Networks," IEEE Global Commun. Conf. (GLOBECOM), San Diego, CA, USA, Dec. 2015.

[179] Christopoulos D, et al. "Cellular Broadcast Service Convergence through Caching for CoMP Cloud RANs," IEEE Symp. on Commun. and Veh. Technol. in the Benelux (SCVT), Luxembourg, 2015.11.

[180] Maddah-Ali M A, Niesen U. "Fundamental limits of caching," IEEE Trans. Inf. Theory, 2014, 5(60):2856-2867.

[181] Wang S, Zhang X, Zhang Y, et al. A Survey on Mobile Edge Networks: Convergence of Computing, Caching and Communications[J]. IEEE Access, 2017, 5: 6757-6779.

[182] Zhang Z, hangW, Tseng F. "Satellite Mobile Edge Computing: Improving QoS of High-Speed Satellite-Terrestrial Networks Using Edge Computing Techniques," in IEEE Network, 2019, 1(33):70-76.

[183] Wang Y, Zhang J, Zhang X, et al. "A Computation Offloading Strategy in Satellite Terrestrial Networks with Double Edge Computing," 2018 IEEE International Conference on Communication Systems (ICCS), Chengdu, China, 2018: 450-455.

[184] Evans B, Onireti O, Spathopoulos T, etal. "The role of satellites in 5G," 2015 23rd European Signal Processing Conference (EUSIPCO), Nice, 2015:2756-2760.

[185] Kodheli O, Guidotti A. Vanelli-Coralli A. "Integration of Satellites in 5G through LEO Constellations," GLOBECOM 2017-2017 IEEE Global Communications Conference, Singapore, 2017:1-6.

[186] Wang Y, Xu Y, Zhang Y, et al. "Hybrid satellite-aerialterrestrial networks in emergency scenarios: a survey," in China Communications, 2017, 7(14):1-13.

[187] George A D, Wilson CM. "Onboard Processing with Hybrid and Reconfigurable Computing on Small Satellites", in Proceedings of the IEEE, 2018, 106 (3): 458-470.

[188]　Kuang L，Feng Z，Qian Y，et al.“Integrated terrestrialsatellite networks：Part one，” in China Communications，2018，6(15)：iv-vi.

[189]　Feng B，Zhou H，Zhang H，et al.“HetNet：A Flexible Architecture for Heterogeneous Satellite-Terrestrial Networks，” in IEEE Network，November/December 2017，31(6)：86-92.

[190]　Wang P，Zhang J，Zhang X，et al.“Performance Evaluation of Double-edge Satellite Terrestrial Networks on OPNET Platform，” 2018 IEEE/CIC International Conference on Communications in China(ICCC Workshops)，Beijing，2018.

[191]　Yang L，Zhang H，Li M，et al.“Mobile Edge Computing Empowered Energy Efficient Task Offloading in 5G，” in IEEE Transactions on Vehicular Technology，2018，67(7)：6398-6409.

[192]　KimS.Evaluation of cooperative techniques for hybrid/integrated satellite systems，in 2011 IEEE International Conference on Communications (ICC) (IEEE，New York，2011)

[193]　Evans B G. The role of satellites in 5G，in 2014 7th Advanced Satellite Multimedia Systems Conference and the 13th Signal Processing for Space Communications Workshop(ASMS/SPSC)(IEEE，New York，2014)

[194]　Sastri K，Giambene G，Kim S. Satellite component of NGN：integrated and hybrid networks.Int. J.Satell. Commun. Netw，2011，3(29)：191-208.

[195]　Sharma S K，Chatzinotas S，Ottersten B. Satellite cognitive communications：interference modeling and techniques selection，in 6th Advanced Satellite Multimedia Systems Conference(ASMS) and 12th Signal Processing for Space Communications Workshop (SPSC)(IEEE，New York，2012)

[196]　Khan A H，Imran M A，Evans B G. Semi-adaptivebeamforming for OFDM based hybrid terrestrial-satellite mobile system. IEEE Trans. Wirel. Commun，2012，10 (11)：3424-3433.

[197]　Zhu X，Shi R，Feng W，et al. Position-assisted interference coordination for integrated terrestrial-satellite networks，in IEEE PIMRC，2015：971-975.

[198]　Shen Y，Jiang C，Quek T，et al. Device-to-device-assisted communications in cellular networks：an energy efficient approach in downlink video sharing scenario. IEEE Trans. Wirel. Commun，2016，15(2)：1575-1587.

[199]　《认知无线电中频谱感知技术的研究进展》中兴通讯技术，2010.6.

[200]　《卫星应用》编辑部. 2018 年中国卫星应用若干重大进展[J]. 卫星应用，2019，85 (1)：12-18.

[201]　未来智库.卫星物联网行业深度研究:低轨道高频卫星通信专题[DB/OL].2019-9-24.

缩写词汇编

3GPP(Third Generation Partnership Project)第三代合作伙伴计划

5G(5th Generation Mobile Communication Technology)第五代移动通信技术

5GPPP(5G Public-Private Partnership)5G 公私合营联盟基础建设

ACL(Access Control List)访问控制列表

ADSL(Asymmetric Digital Subscriber Line)非对称数字用户线路

AMC(Adaptive Modulation and Coding)自适应编码和调制

AMF(Access and Mobility Management Function)接入和移动性管理功能

BSN(Broadband Satellite Network)宽带卫星网络

CCI(co-channel interference)共道干扰

CDN(Content Distribution Network)内容分发网络

CEN(Comité Européen de Normalisation)欧洲标准化协会

CEPT(Confederation of European Posts and Telecommunications)欧洲邮电主管部门会议

CL(Clutter Loss)杂波损耗

CN(Core Network)核心网

CoMP(Coordinated Multiple Points Transmission/Reception)多点协作

CP(Control Plane)控制面

CR(Cognitive radio)认知无线电

CR(Cognitive ratio)认知无线电

CRN(Cognitive Radio Network)认知无线电网络

C-RNTI(Cel-Radio Network Temporary Identifier)小区无线网络临时标识

D2D(Device-to-Device)设备到设备通信

DDRA(Dynamic Detection Routing Algorithm)动态监测路由算法

DESTN(Double-Edge Satellite-Terrestrial Networks)双边缘星地网络

DL(Downlink)下行链路

DRA(Datagram Routing Algorithm)数据报路由算法

DSNG(Digital Satellite News Gathering)数字卫星新闻采集

DT-DVTR(Discrete-time Dynamic Virtual Topology Routing)离散时间动态虚拟拓扑路由

DTN(DELAY TOLERANT NETWORK)时延容忍网络

DT-PSS(Discrete Time Path Sequence Selection)离散时间路径序列选择

DT-VTS(Discrete Time Virtual Topology Setup)离散时间虚拟拓扑设置

DU(Distributed Unit)分布单元

DUMBO(Digital Ubiquitous Mobile Broadband OLSR)无处不在的数字移动宽带 OLSR 项目

DVB(Digital Video Broadcasting)数字视频广播

DVB-RCS(DVB-Return Channel Satellite)数字电视广播-通过卫星返回通道标准

DVB-S(Digital Video Broadcasting-Satellite)数字卫星直播系统标准

DVB-SMATV(DVB-Digital Satellite Master Antenna Television)数字卫星共用天线电视广播系统标准

EM(Element Management)网元管理

eMBMS(Evolved Multimedia Broadcast Multicast Services)多媒体广播和多播系统

eMMB(Enhanced Mobile Broadband)增强移动宽带

ETSI(European Telecommunications Standards Institute)欧洲电信标准协会

FL-TU(Forward Link-Transmit Unit)前向链路传输单元

FSPL(Free Space Path Loss)自由空间路径损耗

FSS(Fixed Satellite Service)卫星固定通信业务

GEO(Geosynchronous Earth Orbit)高轨

gNB((next)generation Node B)5G 基站名称

GNSS(Global Navigation Satellite System)全球导航卫星系统

HAPS(High Altitude Platform Station)高空平台

HFT(High-Frequency Trading)高频贸易

HSTDEN(Hybrid Satellite-Terrestrial Double-Edge Networks)星地混合双边缘网络

IPSec(Internet Protocol Security)网际网络安全协定

ISL(Inter-Satellite link)星间链路

ISRA-SGN(Inter-SatelliteRoutingAlgorithmbySearchingthe Global Neighborhood)星间全局搜索路由算法

ITU(International Telecommunication Union)国际电信联盟

LCRA(Low-complexity Routing Algorithm)低复杂度路由算法

LEO(Low Earth Orbit)低轨

LOS(Line-of-sight propagation)视距传输

LoS(line-of-sight)视距

M2M/IoT(Machine to Machine/Internet of things)机器对机器通信/物联网

MAC(Medium Access Control)媒体介入控制层

MANET(Mobile Ad-hoc Network)无线自组织网络

MANO(Management and Orchestration)管理和编排

Massive MIMO(Massive Multiple-input Multiple-output)大规模多天线

MEC(Multi-access Edge Computing)边缘计算技术

MEC-LBS(MEC-Location Based Services)基于位置服务的边缘计算

MEO(Middle Earth Orbit)中轨

MLSR(Multilayer Satellite Routing)多层卫星网络路由

mMTC(massive Machine Type Communications)大规模机器类通信

MNO(Mobile Network Operator)移动运营商

MPEG-2(Moving Picture Experts Group-2)MPEG 工作组 1994 年发布的视频和音频压缩标准

MPEG-DASH(DASH,Dynamic Adaptive Streaming over HTTP)基于 HTTP 的动态自适应流

MSS(Mobile-Satellite Service)卫星移动通信业务

MSS(Mobile Satellite Service)移动卫星服务

MUs(Malicious Users)恶意用户

MUSA(Multi-user shared access)图样分割多址接入

NCC(Network Control Center)网络控制中心

NetConf(the network configuration protocol)网络配置协议

NFV(Network Functions Virtualization)网络功能虚拟化

NFVO(NFV Orchestrator)网络功能虚拟化编排器

NLOS(Non-Line-of-Sight propagation)非视距传输

NMC(Network Manage Center)网络管理中心

NP(Network Provider)全球网络提供商

NR(New Radio)新空口

NR(New Radio)新空口

NTN(Non-Terrestrial Networks)非地面网络

OBP(On-board Processing)星载处理

OFDM(Orthogonal Frequency Division Multiplexing)正交频分复用

OLSR(Optimized Link State Routing Protocol)优化链路状态路由协议

OSS/BSS(Operations Support System/Business Support Systems)运营支持系统/业务支撑系统

OVSDB(the Open vSwitch Database)开发虚拟交换机数据库

PEP(Performance Enhancing Proxy)性能增强代理

PU(Primary User)主用户

QoS(Quality of Service)服务质量

RAN(Radio Access Network)无线接入网络

RAT(Radio Access Technology)无线接入技术

RDSS(Radio Determination Satellite Service)卫星移动无线电定位业务

RLC(Radio Link Control)无线链路层控制协议

RL-RU(Return Link-Receive Unit)反向链路接收单元

RRC(Radio Resource Control)无线资源控制

RRM(Radio Resources Management)无线资源管理

SatNEx IV(Satellite Network of Experts IV)SatNEx 第四期

SCMA(Sparse Code Multiple Access)稀疏码分多址接入

SCTP(Stream Control Transmission Protocol)流控制协议

SDN(Software Defined Network)软件定义网络

SDO(Standards Development Organization)标准制定组织

SF(Shadow Fading)阴影衰落损耗

SGRP(satellite Grouping and Routing Protocol)卫星群路由协议

SNMP(Simple Network Management Protocol)简单网络管理协议

SNO(Satellite Network Operator)卫星网络运营商

SO(Satellite Operator)卫星运营商

ST(Satellite Terminal)卫星终端

STK(Satellite Tool Kit)卫星建模仿真工具包

SVNO(Satellite Virtual Network Operator)卫星虚拟网络运营商

TCP(Transmission Control Protocol)传输控制协议

TEID(Tunnel Endpoint Identifier)隧道终结点标志符

TSAT(Transformational Satellite System)转型卫星

TT&C(Telemetry,track and command)遥测、跟踪和控制

UE(User Equipment)用户设备

UL(Uplink)上行链路

UP(User Plane)用户面

uRLLC(ultra-Reliable and Low Latency Communications)超可靠低延迟通信

UTRA(Universal Terrestrial Radio Access)通用陆面无线接入

VIM(Virtualized Infrastructure Manager)虚拟基础设施管理

VNF(Virtual Network Function)虚拟网络功能

VNFM(VNF Manager)虚拟网络功能管理

VoIP(Voice over Internet Protocl)基于 IP 的语音传输

WSN(WIRELESS SENSOR NETWORK)无线传感网络

WS-SCN(Working Group-Satellite Communication and Navigation)卫星通信与导航工作组

XR(Cross Reality)混合现实